清华大学精品课程教材

纺织服装高等教育"十四五"部委级规划教材

服装史论书系

西方服装史

（简明版）

贾玺增　著

东华大学出版社

·上海·

图书在版编目（CIP）数据

西方服装史：简明版 / 贾玺增著 . -- 上海：东华
大学出版社 , 2021.6
ISBN 978-7-5669-1778-2

Ⅰ . ①西… Ⅱ . ①贾… Ⅲ . ①服装—历史—西方国家
Ⅳ . ① TS941-091
中国版本图书馆 CIP 数据核字 (2021) 第 096737 号

策划编辑：马文娟
责任编辑：季丽华
文字编辑：洪正琳
装帧设计：上海程远文化传播有限公司

西方服装史（简明版）

XIFANG FUZHUANGSHI JIANMINGBAN

著：贾玺增
出版：东华大学出版社（上海市延安西路1882号，邮政编码：200051）
本社网址：http://dhupress.dhu.edu.cn
天猫旗舰店：http://dhdx.tmall.com
营销中心：021-62373056
印刷：上海雅昌艺术印刷有限公司
开本：889mm×1194mm 1/16
印张：8
字数：195千字
版次：2021年6月第1版
印次：2021年6月第1次
书号：ISBN 978-7-5669-1778-2
定价：58.00元

序

　　服装史是高等院校服装专业教育的必修课程，学习服装史不仅为学生提供知识储备和设计素材，也对提升他们的创新力、提案力和审美力有很大帮助。学习服装史对服装专业人才培养具有重要意义。

　　自2015年开始，清华大学美术学院贾玺增副教授撰写的"十三五部委级规划教材·服装史论书系"陆续面世，现已出版了《中外服装史》（国家精品课程教材、清华大学优秀教材）和《中国服装史》（国家精品课程教材）两本，还有一本《西方服装史》即将出版。这三本教材阐述系统、内容详实、资料丰富，穿插大量当代复原作品和运用历史元素设计的时装案例，文字和图片的信息总量较大。因此，在阅读时需要读者静下心来，用较长的时间认真学习，循序渐进，才能慢慢掌握和理解书中的内容。

　　"十三五部委级规划教材·服装史论书系"得到了业内专家、中国高等院校服装专业师生和广大读者的一致好评，尤其是《中外服装史》已被国内120余所院校作为课程教材和研究生入学考试教材。有一些读者询问能否再出版一套相对轻松、简单的入门级图书。鉴于这个目的，贾玺增副教授又撰写了这三本"简明版"系列丛书，包括《中国服装史（简明版）》《西方服装史（简明版）》《中外服装史（简明版）》，以此作为"十三五部委级规划教材·服装史论书系"丛书的扩展和补充，使广大读者、高等院校服装类专业学生更便捷地学习服装史课程和知识。

　　在撰写的过程中，贾玺增副教授遵循易读、易学、易掌握的原则，将服装史里的知识点提炼出来，经过谨慎选择，以词条的形式撰写（尽可能减少古代文献），以便于读者阅读、掌握和记忆。本系列丛书还注重正文、图片和图注的紧密结合和编排，使读者能够在短时间内通览全书，快速建立服装史的基础知识和理论体系，为今后的深入学习打下基础、创造条件，并保持轻松的学习状态和良好的学习兴趣。

　　贾玺增副教授长期从事服装史学术研究，在设计实践和课堂教学等领域取得了显著成绩。他参与策划的"'华夏衣裳'中国高等院校服装史教学与学术研讨会"（中国纺织服装教育学会、清华大学美术学院主办），吸引近百所院校参与，旁听观众几十万人。此外，贾玺增副教授还连续多年在东华大学出版社举办"全国服装专业教师暑期高级研修班"，为全国各地的服装专业老师进行授课，分享教学经验和学术成果，在服装史教学方面起到了很好的"传帮带"作用，同时也推动了服装史课程教学水平的提高。借此机会，对贾老师的辛勤工作表示感谢！

　　五千年来中华文明生生不息，服装是重要的传承载体，"一丝一缕"中歌颂着先辈们对美好生活的向往和追求。相信本套丛书一定会受到读者的欢迎和喜爱。

中国纺织服装教育学会副会长、秘书长

2021年2月25日

目 录

第一章　古埃及

公元前 3500 年开始的尼罗河古埃及文明，和同时期的两河流域苏美尔文明一起，形成了人类历史上最古老的两大文明摇篮。此后 1000 多年出现了爱琴文明——希腊文明和印度河文明。

距今 6000 年前，古埃及已处于金石并用期。公元前 3000 年，上埃及国王美尼斯征服了下埃及，建立了统一的古埃及王朝。此后历经 31 个王朝，在公元前 4 世纪末，古埃及王朝被希腊马其顿王亚历山大征服。早在 5000 年前的埃及法老第一王朝时期，尼罗河流域就已经有了农业、历法、象形文字、灌溉系统、独特而优美的艺术、重要的文学传统、复杂的宗教等辉煌灿烂的文明，以及金字塔、狮身人面像、卢克索神庙、国王谷、木乃伊等大批古代文化遗产，令人不得不惊叹古埃及人的智慧。

在延续 4000 年之久的古埃及建筑、石墙、石碑上面，铭刻着许多古埃及文字，但是后人难以看懂。1799 年，罗塞塔石碑（Rosetta Stone）在埃及一个港湾城市罗塞塔出土（图 1-1），碑文上段与中段是两种古埃及文字（圣书字和民间俗字），下段是希腊文字，三种文字相互对照，再参照古埃及语的最后形态——科普特语（Coptic language），使古埃及文字得以解读。

由于气候原因，古埃及人很早就开始使用植物纤维。除了初期以棕榈纤维为主，亚麻一直是古埃及人的主要衣用布料。夏季的炎热与冬季的温和，使埃及人将亚麻布织得非常轻薄。又因为亚麻染色较难，故以白色为主，配着古埃及人红黑色皮肤，别具魅力（图 1-2）。在罗马时代，古埃及人偶尔会从印度进口些棉布，从地中海东岸买回少量的丝，这在古埃及人的坟墓中已有发现。大量外国织工来到埃及定居，以至于"叙利亚人"成了织工的同义词。

衣服是古埃及社会等级制的体现。服装款式、面料和饰品都是体现身份的标志，如纳尔迈石板正面一位戴高帽子的上等埃及人正在敲打戴矮帽子的下等埃及人（图 1-3）。

图 1-1　罗塞塔石碑

图 1-2　拉何泰普和内弗莱特坐像

图 1-3　纳尔迈石板

绳衣：里葛丘阿（Ligature）

绳衣是古埃及最具特色和象征意义的服装之一。古埃及壁画上有许多只在腰臀部系一根细绳的年轻女子。这种全身赤裸，只在腰上系根腰绳的装扮，是古埃及最简单最原始的"衣服"。从其环境和人物姿态推断，这些人应该是古埃及时期的奴隶、乐师、舞者、杂技演员等身份卑微的人（图1-4）。这种绳衣与其说是服装，倒不如说是一种由社会文化所赋予的象征性装饰符号。现在，绳衣仍存在于热带非洲和南美亚马逊流域的未开化民族中。

图1-4　古埃及壁画中女性身穿的绳衣

图1-5　古埃及男子腰衣形式

腰衣：罗印·克罗斯（Lion Cloth）

在古埃及早期，男子们一般上身赤膊，下身穿一块缠裹腰部的白色亚麻布或裹腰兜裆的腰衣罗印·克罗斯（Lion Cloth，图1-5），与女子宽大长袍卡拉西里斯（Kalasiris）形成对比。其在古埃及壁画《赶牛犁地图》、《猎雁图》、第二十王朝拉美西斯四世石雕跪像、《孟卡拉和他的王后》雕像中都可见到。女性服装的特征是高高的腰线，而男性的服装则强调臀部。法老的衣服用细软轻薄的亚麻布来做，甚至还会加饰金丝美化，平民所穿的服装面料则粗糙了很多。

图 1-7　中王国时期的 Tunic 面料

图 1-6　身穿筒形紧身衣的古埃及女子浮雕

图 1-10　Kalasiris 着装示意图

图 1-9　古埃及彩塑人像

图 1-8　公元前 3100 至公元前 2890 年第一王朝时期的 Tunic 实物

图 1-11　古埃及壁画中身穿 Lion Cloth 的男子和身穿 Kalasiris 的女子

丘尼卡（Tunic）

古埃及上层女性一般穿从胸到脚踝的筒形紧身衣丘尼卡（Tunic，图 1-6）。这是古埃及妇女的正式服装。古埃及女子的丘尼卡（Tunic）有筒裙或吊带连衣裙的形式，起自胸下直到踝骨，用背带吊在肩上或用腰带系住，乳房裸露在外，也有半袖连衣裙的形式。进入中王国时期，丘尼卡（Tunic）面料出现了多色手绘或纺织网状纹样（图 1-7）。

古埃及男性也穿丘尼卡（Tunic），但要比女性的丘尼卡（Tunic）短一些，腰身也更宽大。其式样如公元前 3100 至公元前 2890 年第一王朝时期的丘尼卡（Tunic）实物（图 1-8）。从图像资料上看，这种服装能将古埃及女性的身体轮廓毫无保留地显现出来，甚至在一些穿有丘尼卡（Tunic）的图像上还可清晰地辨别出腿部轮廓。因此，丘尼卡（Tunic）所使用的布料的伸缩性应该很好。这可能是借助百褶的形式得以实现。

卡拉西里斯（Kalasiris）

第十八王朝时期，好战的国王从美索不达米亚带回了许多战利品，其中就包括用一块布制成的宽大长袍卡拉西里斯（Kalasiris）。其裁剪方法是将一块相当于衣长两倍的麻布对折，在正中挖一个钻头的洞，两侧留出袖子部分后缝合（图 1-9 ～图 1-11）。细密褶裥所形成的丰富层次和明暗效果，使得埃及服饰极具魅力。服装也便于活动。其固定褶裥的方法是把衣料浸水、上浆、折叠、压紧后晾干。

与丘尼卡（Tunic）一样，卡拉西里斯（Kalasiris）是一种男女皆穿的服装。初期的卡拉西里斯（Kalasiris）非常宽松，长过脚踝，穿的时候在外面用带子系着，形成 X 型。到了第十八王朝末期，卡拉西里斯（Kalasiris）全身压成百褶，腰部的系带也有百褶，系扎后垂挂在腹前。

假发

自古以来，埃及人就留短发。进入王朝时代，无论男女都时兴戴假发（图1-12），一方面是为了防晒，另一方面也与古埃及人的清洁癖有关。其形象如头戴假发身穿卡拉西里斯（Kalasiris）的古埃及女子木雕（图1-13）。由于宗教仪式的规定，也为了清洁和防暑，古埃及男女皆剃发。男子剃秃，

女子剪短，然后再戴假发，只有在服丧期间留头发和胡子。古埃及的假发是用网衬固定人发、羊毛或棕榈叶纤维制作成的（图1-14）。由于在剃光的头上形成透气的空间，所以戴上这种假发很凉爽。根据习俗，古埃及假发的长短和社会地位成正比，国王和贵族们的假发最长。

图1-13 头戴假发、身穿Kalasiris的古埃及女子木雕

图1-12 第十九王朝法老宝座靠背上的浮雕图案

图1-14 古埃及女子假发实物

图1-15 古埃及女子眼部妆容

图1-17 古埃及遗址出土的黄金鞋

古埃及的鞋造型有平底，但鞋尖最长、最具特点，也当属第一和第二脚趾间伸出的，古埃及鞋侧反折帮用细长鞋尖向上翘。凉鞋或短靴的鞋底，会用带子固定，硬牛皮做鞋底，厚牛皮硬底做鞋底。

图1-16 古埃及鞋子实物和线描图

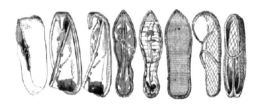

化妆

女性很重视面部妆容（图1-15），使用绿和黑墨画眉毛、眼圈和睫毛，用洋红色膏涂嘴唇，用白和红色粉涂脸颊，用橙色的散沫花汁涂染指甲。一般普通男性不留胡子，但帝王和高官例外，他们不但会留胡子，还在下巴处做成筒状。

鞋子

在埃及，最古老的鞋子是用植物制成的凉鞋（图1-16），鞋底由草、藤或椰叶编成。军人作战时，打胜仗的一方就没收战败一方的鞋子作为战利品。古埃及鞋匠已经掌握了皮子染色技术，在古埃及遗址考古中，甚至有錾刻漂亮图案的黄金鞋出土（图1-17），这应该是法老、贵族们等社会上层人物的用品。

护身符

在埃及人看来，护身符及制成护身符形状的首饰是基本的装饰，尤其是死者必备的陪葬品。当然，它也同样用于装饰活人的衣服。古埃及的护身符多达275种，葬礼护身符包括心形护身符、蜣螂护身符、杰德柱护身符及伊希斯的圣结等。

在古埃及语中，荷鲁斯之眼称为"华狄特"（Wedjat或Udjat），意为"完整的、未损伤的眼睛"（图1–18）。这个符号最早是代表华狄特的眼睛。古埃及人喜欢用次宝石制成荷鲁斯之眼护身符（图1–19），也有用黑曜石和玻璃眼球做成写实性很强的荷鲁斯之眼护身符（图1–20）。

在古埃及人看来，蜣螂是太阳神的化身，也是灵魂的代表，象征着复活和永生。蜣螂在古埃及曾被作为法老王位传递的象征，被称为"圣甲虫"。人们将这种甲虫作为图腾之物做成手镯（图1–21）、项圈（图1–22）等首饰。当法老死去后，他的心脏会被切掉，换上一块缀满圣甲虫的石头。

眼镜蛇是埃及君主们的专有象征，被装饰在王冠和鹰状头巾上。古埃及首饰中也有许多蛇形黄金戒指（图1–23）和手镯。在埃及神话中，宇宙起源时诸神以蛇的形体生活在原始海洋里，蛇成了原始海洋中一切存在的化身。古埃及蛇的形象与普通人、王室和神都密切相关，而且蛇的形象具有混合性和多重性。有的神带有蛇的神器，有的神头上或身上盘着蛇。

法老的饰物深具象征意义，他们所持的弯拐和连枷代表着他们对领土、牧人及农夫的权力；"伊西斯圣结"是生命的神圣象征，通常只有国王、王后和众神才有权拥有。

图1–18　古埃及壁画中的荷鲁斯之眼

图1–19　荷鲁斯之眼护身符

图1–20　黑曜石和玻璃眼球

图1–21　古埃及蜣螂手镯

图1–22　古埃及蜣螂项圈

图1–23　古埃及蛇形黄金戒指

第二章　美索不达米亚

一、苏美尔文明

（一）苏美尔

美索不达米亚文明的苏美尔人，居住在两河汇流的下游苏美尔地区。他们是两河流域地区最早的居民。苏美尔人书写用的楔形文字，是人类使用最早的象形文字。

苏美尔人一般穿平整裹身并下垂到小腿处的圆形裙衣（图2-1～图2-3）。这类服装的另一重要特点是裙衣上的穗状垂片。考察雕像实物可知，这些服装的穗片有不同的款式，有的从膝上垂至膝下，有的则从腰间垂下，层层重叠成伞状裙卡吾纳凯斯（Kaunakes）。

后期的苏美尔人，一般上身裹一块搭过左肩的大围巾，头上戴着无边羊皮圆帽，它上面装饰着许多小波纹。苏美尔人服装面料以亚麻布与羊毛、羊皮为主。大约在公元前8500年，苏美尔人能获取的制衣所需纤维的动物是山羊和绵羊，植物则是亚麻。

苏美尔乌尔王陵出土的萨尔贡一世金盔头像反映了苏美尔人贵族束起的编发发式和有着优美波浪曲线的长须（图2-4）。在乌尔城出土的乌尔军旗（the Standard of Ur）距今已有4700年，被公认为是两河流域最具代表性的文物。它是用贝壳、天青

石与石灰石在木板上镶嵌出来的马赛克艺术品，有超过100个栩栩如生的人物与动物形象，很好地展示了当时苏美尔人的着装方式（图2-5）。

图2-1　拉伽什的饰板浮雕

图2-2　穿Kaunakes的苏美尔人石雕人像

图2-3　苏美尔人石雕人像

图2-4　萨尔贡一世金盔头像

图2-5　乌尔军旗

图 2-6　拉格什之王雕像

图 2-7　巴比伦女性着装形象

（二）古巴比伦

公元前 1750 至公元前 1595 年，统治美索不达米亚这一地区的是巴比伦人。巴比伦王国由塞姆族部落的阿卡德人建成。阿卡德人曾长期生活在苏美尔人的统治之下，故深受其影响。因此，巴比伦人的服装与苏美尔人的服装区别不大。

巴比伦男服的主要形式为缠裹式的袍服康迪斯（Candys），是用边缘有流苏装饰的三角形织物绕身包缠，形成参差不齐、错落相间、纵横繁复、雍容华贵的外观（图 2-6）。国王专用康迪斯（Candys）用金钱缝制，上面除了精致的刺绣图案外，还镶嵌珍贵的宝石。在康迪斯（Candys）里面，套有毛边流苏的直筒紧身长袍。紧身长袍有时单独穿着，其边缘有刺绣花饰，下摆亦有流苏饰物，造型简单，有时在外面披一块搭过单肩的披肩。在紧身衣上束有各种装饰讲究的腰带，有的腰带很宽，紧束腰身，更突出了男子宽阔的肩胸。

巴比伦女服与男服大体相同，只是略宽肥一些。巴比伦后期妇女的服装，是一种扣紧的披搭式服装，类似印度妇女所穿的莎丽。服装的面料是饰有流苏滚边的毛织物或亚麻，有红、绿、紫、蓝等鲜艳的颜色，有精美的刺绣装饰（图 2-7）。

巴比伦男子十分重视头发和胡须的卷烫整理，仔细地将胡须分段卷烫，显出层次和节奏，一层层卷曲的小波纹显得十分华丽而有层次。头发也同样经过卷烫整理，向后披着，并撒金粉。帝王和高官还配戴头冠，其上有一圈小的羽毛饰物，有时镶上宝石。当时的男女都戴着镶有珍珠及各种宝石的耳环、项链和手镯。巴比伦人还穿用皮革做成的凉鞋，款式和现在的凉鞋区别不大。鞋带在脚拇趾上绕一圈，然后绕在脚腕上并用扣子扣住。为了便于在林木中骑马奔跑和在激烈的战斗中保护双腿不受伤害，士兵们从脚尖到膝部都穿着用皮革制成的护腿。

图 2-8 亚述皇家长袍形象及结构图

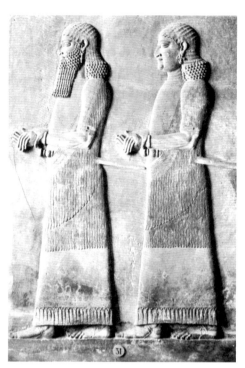

图 2-9 浮雕上的亚述人形象

图 2-10 阿普利二世石雕及其披肩的穿搭方法

（三）亚述

公元前14世纪，亚述国兴起于底格里斯河中游，公元前 8 世纪到公元前 7 世纪势力扩大，征服了整个美索不达米亚地区，最盛期从现在的伊朗中部以西到土耳其东部，从叙利亚到西奈半岛，甚至包括埃及，形成了强大的帝国版图。

亚述人的服装受埃及新王国时代影响，十分华美。其最大特征是大量使用流苏装饰。此外，刺绣和宝石装饰技巧也很发达，刺绣纹样的题材有埃及的莲花、棕榈、圣树、蔷薇和山梨等。亚述人服装所使用的面料主要是羊毛织物，同时，从埃及引进的亚麻，从印度引进的棉也逐渐得以普及，生产出了高质量的棉麻织物，有的还在织物中织进了金线。通过丝绸之路传来的中国丝绸也进入亚述人的生活。亚述人内衣一般用麻织物，外衣用毛织物（图2-8）。

从服装造型上看，当时外出服有两种基本样式：第一种，"丘尼卡（Tunic）+外套披肩式卷衣（披肩式）"，这是亚述男女装的共同特征（图2-9）；第二种，"丘尼卡（Tunic）+外套贯头衣（斗篷式）"。

图 2-11 亚述皇家长袍形象

披肩式服装肩部较宽，可达上臂中部（图2-10）。斗篷式服装由相同的两片布构成，前后两片在肩部缝合，留出领口，底摆为方形或圆形，衣服两侧不缝合（图2-11）。

图2-13 大流士与泽克西斯向群众致意浮雕

图2-12 古代波斯城复原

图2-14 彩色古代波斯人浮雕形象

图2-15 萨珊王（朝）银制圆盘上古代波斯的裤子

（四）古代波斯

波斯人原居中亚一带，约公元前2000年末期迁到伊朗高原西南部。在古代，位于西亚的伊朗被称为波斯（图2-12）。米地亚是波斯最古老的王国。公元前550年，波斯部落中强大的一支——阿契美尼德族人，在居鲁士王的领导下，灭了米地亚，并继承了米地亚的文化。经过居鲁士、冈比西、大流士（图2-13）三个好征战的国王的统治，波斯成为了一个占有整个中亚（包括阿富汗、印度等国）、西亚（包括两河流域和土耳其等国）以及非洲（埃及）的大帝国。当野心勃勃的大流士妄图征服希腊，称雄地中海时，在著名的马拉松之役中遭到希腊人民的英勇抵抗而失败。公元前330年，希腊的亚历山大大帝举兵摧毁了波斯，古代波斯帝国就此灭亡。

古代波斯服饰的面料主要是羊毛织物和亚麻布，也有从东方引入的绢。平民的衣服一般都染成红色，高官则穿蓝紫色衣服，并装饰着白和银色。波斯人喜欢在衣服上刺绣美丽多彩的图案（图2-14）。富有者还用珍珠、宝石和琅琅等装饰服装。

男性服饰基本上继承了巴比伦和亚述的传统，但又具有许多不同的特征和创新。特别有代表性的是康迪斯（Candys）长衫，袖子呈喇叭形，在后肘处做出许多褶裥。康迪斯（Candys）里面穿紧身套衫、宽松裤子和长袜子。古代波斯的裤子非常宽松，长及脚踝，制作简单（图2-15）。

古代波斯的男子须发样式与巴比伦、亚述相近，比较长且经过仔细卷烫，并撒上金粉，身上还喷香水。男女都戴有镶嵌宝石的耳环、手镯、项链和戒指。戒指上的印鉴则是权威的象征。男子头戴盆形无沿毡帽和白亚麻布做的圆锥形软帽。它起源于头巾，在成为帽子后，波斯人仍然用一块围巾把下巴和两颊围住。

古代波斯人已经按照人的脚型来做鞋，女式鞋面上装饰了珍珠和宝石。一般人使用短柄的伞和扇子，只有王族才能使用长柄。

图 2-16 克诺索斯王宫遗址及复原图

图 2-17 雅典的帕特农神庙

图 2-18 依瑞克提瓮神殿的仙女柱子

图 2-19 曾经商贾云集的古希腊广场

图 2-20 拉斐尔《雅典学院》

二、爱琴文明

欧洲文明的源头在古希腊，古希腊文明的源头在西亚两河流域的美索不达米亚文明、希伯来文明和北非尼罗河流域的古埃及文明，以及地中海东部的爱琴文明（图 2-16）。

爱琴文明是指公元前 20 世纪至公元前 12 世纪间的爱琴海域的上古文明，是希腊文明的源泉，主要包括米诺斯文明（克里特岛）和迈锡尼文明（希腊半岛）两大阶段，历史约 800 年。

古希腊文明是西方历史的开源，持续了约 650 年（公元前 800—公元前 146 年）。其位于欧洲南部，地中海的东北部，包括今巴尔干半岛南部、小亚细亚半岛西岸和爱琴海中的许多其他小岛。古希腊人在哲学思想、历史、建筑、科学、文学、戏剧、雕塑等诸多方面都有很深的造诣。这一文明遗产在古希腊灭亡后，被古罗马人延续下去，从而成为整个西方文明的精神源泉。

时至今日，我们仍可在西西里岛上一睹著名的神庙峡谷、雅典的帕特农神庙（图 2-17）、有 6 个仙女柱子的依瑞克提瓮（Erechtheum）神殿（图 2-18）、曾经商贾云集的古希腊广场（图 2-19）、雄伟壮阔的古圆形剧场、叙拉古城的阿波罗神庙，以及罗马圣彼得教堂梵蒂冈教皇宫的《雅典学院》壁画（图 2-20）。古希腊建筑强调单纯与清晰的结构，在绘画中着重视觉表象，在雕刻中专注于表现理想化的男性、女性裸体，因而古希腊人所创造的美的典范是非常独特的。

古希腊文明几乎在每一方面都不同于古代埃及与古代中国文明。古希腊文明源自爱琴文明。爱琴海位于地中海的北部，其区域包括希腊半岛、克里特岛和小亚细亚西部沿海地区，以及散落在爱琴海中的将近 500 个大大小小的岛屿。由于其繁盛期先后以克里特岛和迈锡尼为中心，所以又称为"克里特·迈锡尼文明"。

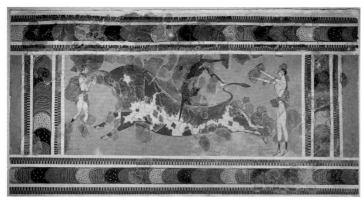

图2-21 克里特岛诺萨斯宫殿壁画《斗牛》

图2-22 庆典活动壁画

图2-23 克里特岛诺萨斯宫殿壁画《戴百合花的王子》

图2-24 克里特岛持蛇女神像

图2-25 托乳女人像

（一）克里特

克里特文明是爱琴海地区的古代文明，出现于古希腊、迈锡尼文明之前的青铜时代，主要集中在克里特岛。早自公元前3000年，克里特文明已进入铜器时代，出现象形文字，并有相当规模的建筑物。公元前2000年，克里特达到青铜时代全盛期，有宏伟的宫殿式建筑、各种精制的工艺品。

19世纪末20世纪初，英国考古学家伊文发掘了克里特岛的诺萨斯宫殿遗址。从克里特岛发掘出土的壁画看，克里特男子的服饰较简单，上身一般赤膊，下身主要为包缠型短裙（图2-21、图2-22）。克里特岛《戴百合花的王子》（图2-23）壁画中的王子如真人般大小，头戴百合花和孔雀羽毛编成的

帽子，长而略弯曲的长发顺肩而下，单剩一绺头发被王子在胸前随意轻拂着。他脖挂金色百合串成的项链，身着腰束皮带的短裙，腰身束得很细。

观察持蛇女神像（图2-24）、托乳女人像（图2-25），可以清楚地看到当时女装的式样：上身是一件近似现代立体裁剪服装的短袖紧身衣，前胸在乳房处敞开无扣，胸下则用绳扣紧紧束住，把乳房高高托起；腰部收得很细，下身为在臀部膨起的逐层扩展的喇叭裙，有六七层之多；整个衣裙的造型，从上到下把女性所具有的美丽曲线都衬托了出来；裙前还有一小块围裙状饰布；衣裙上的图案精美，色彩华丽。

（二）迈锡尼

迈锡尼文明是希腊青铜时代晚期文明，由伯罗奔尼撒半岛的迈锡尼城而得名。它继承和发展了克里特文明，是爱琴文明的重要组成部分。约公元前2000年，迈锡尼人开始在巴尔干半岛南端定居，到公元前1600年才成立王国。迈锡尼文明从公元前1200年开始呈现衰败之势，后多利亚人南侵，宣告了迈锡尼文明的灭亡。

图2-26　身穿短袖或长袖贯头式长袍的迈锡尼女性

迈锡尼文明以城堡、圆顶墓建筑及精美的金银工艺品著称于世。城堡中最突出的建筑物是泰林斯城宫殿。它的特色是以一个大厅为建筑物的中心，大厅中间又有一个圆形地炉，两旁各有一根圆柱，还有玄关和接待室。庭院周围其他房间的地面和墙壁都涂上灰泥，墙上有壁画装饰。迈锡尼古城出土的重要文物有相传为阿伽门农（Agamemnon）王所用的黄金葬仪面具、黄金熊首和石雕彩绘人头像。

图2-27　迈锡尼壁画中的女性形象

在迈锡尼的泰林斯城宫殿壁画遗迹中可以看到，当时女性服装有两种式样。第一种为短袖或长袖贯头式长袍，上面紧身贴体，裙摆较宽，呈吊钟形，在肩部和腋下侧缝处有条纹装饰（图2-26）。第二种为两前襟完全分开并塞在腰带中的上衣，胸部从腰以上皆裸露，似为裙裤的长裙（图2-27）。此外，迈锡尼无论男女都留长发，并卷烫成一缕缕的发卷，飘逸在身前身后。

图2-28　迈锡尼武士群像

从考古实物分析，迈锡尼已经有了比较完善的武士盔甲（图2-28）。战车士兵穿的护胸甲是由皮衣上缝青铜片制成。防御性头盔是以绳系甲片连接而成，其下颌带起到稳固作用。他们使用木制或皮制的圆形和方形盾。进攻性武器大多是弓箭、青铜长枪、标枪和长剑。

章鱼图案水罐是青铜时代末期爱琴海地区出产的一种最具特色的陶瓷器皿（图2-29）。这只水罐上饰有两只用黑色颜料绘制的大章鱼。章鱼八只腕足的螺旋形末端曲线随着花瓶的形态而变化，仿佛悬浮于水中。

图2-29　章鱼图案水罐

（三）古希腊

古希腊服装的穿着方式包括裹缠和披挂式。其穿用最多的是希顿（Chiton）。这是一种男女同服的款式，女子希顿（Chiton）长至踝部，男子希顿（Chiton）长至膝部。因为民族和区域不同，希顿（Chiton）又分为多利安式希顿（Doric Chiton）和爱奥尼亚式希顿（Ioric Chiton）。

爱奥尼亚式希顿（Ioric Chiton）

爱奥尼亚式希顿（Ioric Chiton）是一种长至膝盖、两侧缝合的短袖束腰外衣。其穿的时候在肩袖部位用 12 枚别针固定，为了行动方便，用一根长长的系带将宽松的长衣随意系扎一下即可（图2-30）。古希腊瓶画（图2-31）、雕塑作品（图2-32）中都有爱奥尼亚式希顿（Ioric Chiton）的形象。为了行动方便，古希腊人常用细绳把宽敞的"衣袖"捆扎在身上以便于劳作。其形象如德尔菲阿波罗神殿的青铜《驾驭者》（图2-33）和古希腊大理石人物雕像（图2-34）。意大利女装品牌阿尔伯特·菲尔蒂（Alberta Ferretti）2008 年春夏女装设计即参考了《驾驭者》的服饰形式。

图 2-31　古希腊瓶画中身穿 Ioric Chiton 的女子形象

图 2-30　Ioric Chiton 穿着图

图 2-32　古希腊雕塑作品中的 Ioric Chiton

图 2-33　德尔菲阿波罗神殿的青铜《驾驭者》

图 2-34　古希腊大理石人物雕像

多利安式希顿（Doric Chiton）

多利安式希顿（Doric Chiton）由一整块四方面料构成，长度超过穿者身高，宽度为人伸平两臂时右指尖到左指尖的两倍（图2-35）。穿时先在上身处向外向下翻折一大块，翻折的长度随意，短可在腰线以上，长可至膝部；然后横向再做平均对折，包住躯干，两肩处用金属别针别住。对折的一边是敞开的，有时靠腰带固定，有时在腰际下或腋下缝死，成为宽肥的筒状裙。胸前和身后的翻折部分有时较长，可以系在腰带内，有时则自然悬垂或飘拂，形成细密垂褶，增加了平面衣料的立体感，充满明暗黑白不断转换的生动魅力。其形象如古希腊雕塑（图2-36）、壁画和瓶画等展示的服装。为了行动方便，古希腊人有时还用一根细绳系束多利安式希顿（Doric Chiton）腰部，布料堆积形成科尔波斯（Kolpos），如雅典卫城巴特农神庙出土的《哀伤的雅典娜》（图2-37）。绳带使用的根数、系束的位置和方式，以及褶裥在人体上的聚散分布，可随穿着者的审美和需求进行自由的调节和变化，使其呈现出立体而富于变化的特性。在繁复的褶皱光影中，古希腊人健美的人体若隐若现，赋予了服装新的生命。

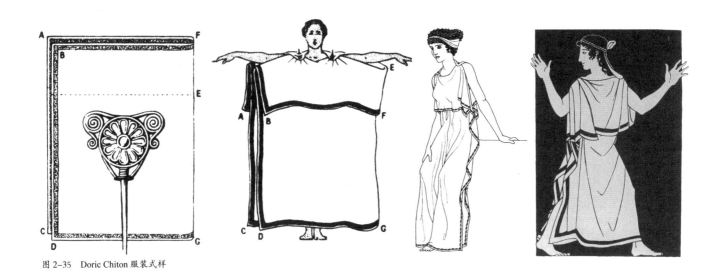

图2-35 Doric Chiton 服装式样

图2-36 古希腊人像雕刻作品中的服装

图2-37 雅典卫城帕特农神庙《哀伤的雅典娜》

希玛申（Himation）

希玛申（Himation）是男女皆穿的包缠型长外衣，通常用长 4～5 米、宽 1.2～1.5 米的面料制成，最初为毛织物，穿时先搭在左臂左肩，从背后绕经右肩（或右腋下）再搭回到左肩背后（图 2-38、图 2-39）。衣料四角缀有小金属重物，以使衣角能自然下垂，外出时可以拉起衣服盖在头上防风雨，睡觉时可以脱下衣服当铺盖。缠绕型的服装主要依赖面料在人体上的围裹，形成延续不断、自由流动的褶裥线条，围裹的方式不同，所造成的款式各异。此外，古希腊女性偶尔会穿多层衣服，在多利安式希顿（Doric Chiton）外面套上爱奥尼亚式希顿（Ioric Chiton），甚至再在外面套上一件希玛申（Himation）。

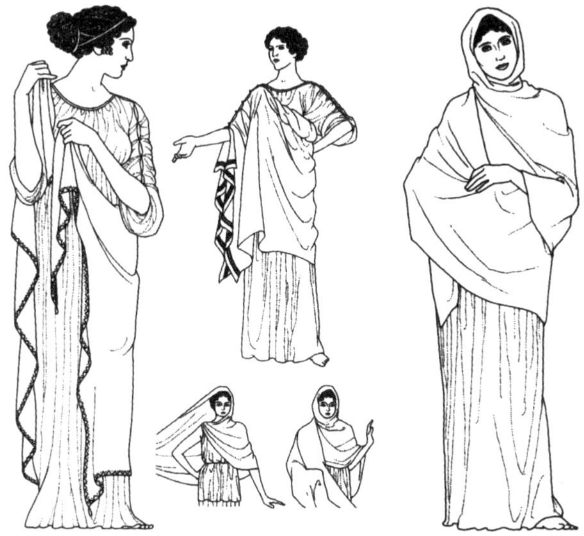

图 2-38 包裹头部的古希腊 Himation

图 2-39 古希腊壁画中的人物

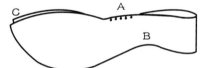

图 2-42 Diplois 示意图

图 2-40 古希腊大理石雕刻人像《雅典娜》

图 2-41 身穿 Diplois 的古希腊雕塑人像

图 2-43 古希腊马赛克《猎狩雄鹿》

迪普罗依斯（Diplois）

古希腊还流行一种叫迪普罗依斯（Diplois）的变形希玛申（Himation）。它也是用安全别针固定的服装（图 2-40～图 2-42），示意图中 A 部位用 5 枚安全别针固定后披在右肩，B 部位垂挂在胸前，C 部位垂挂在右臂的前后。

克拉米斯（Chlamys）

古希腊男子还穿一种叫克拉米斯（Chlamys）的小斗篷。外出旅行、骑马打仗时，古希腊男子一般将克拉米斯（Chlamys）披在左肩，在右肩用别针将面料两端扣住，露出右臂以便于活动（图 2-43）。

第三章　古罗马

传说在公元前 753 年，被古希腊人打败的特洛亚人的后裔，从小亚细亚渡海来到意大利，在台伯河边建立了罗马城，后来逐渐强大并征服了整个意大利。公元前 1 世纪，它征服了古希腊，称霸地中海，成为横跨欧亚非三洲的奴隶制大帝国。为了便于统治，4 世纪末，出现了两个皇帝东西分治的情形。东罗马以君士坦丁堡（即土耳其的伊斯坦布尔）为首都，又称拜占庭帝国。476 年，西罗马被日耳曼人所灭后，失去本土的东罗马帝国开始向封建社会过渡。

古罗马文化和古希腊文化有着密切联系。当古罗马人征服古希腊以后，更是对古希腊的文化艺术大加推崇和发扬，与古罗马文化融会贯通。古罗马服饰的面料有轻软的羊毛织物和亚麻布，后期的罗马还从东方引进了昂贵的轻薄美丽的丝织物。

托加（Toga）

托加（Toga，也称罗马长袍）是一种象征罗马人身份的披缠外衣。在王政时代的 250 年间男女均可穿着，到共和制时代，只有男子才能穿着，女子只能穿斯托拉（Stola）及帕拉（Palla），没有罗马公民权者则被禁止穿着托加（Toga）。它和希腊裹缠型外衣希玛申（Himation）近似，不过希玛申（Himation）为方形，托加（Toga）则呈半圆形（图 3-1）。

托加（Toga）最显著的特点是其超大、超长的尺寸——长约 540 厘米，最多达穿者身高的三倍；宽约 180 厘米，最多达穿者身高的两倍（图 3-1）。其半圆的两尖端垂有小重物，其中一端在前身膝部下垂，上面从胸前向左肩披过，经背后绕至右腕或右腋下，经过胸前再搭回左肩并在后背垂下，整个右腕或左臂可以自由活动（图 3-2、图 3-3）。

古罗马女性穿托加（Toga）时往往会在里面套从古希腊女装那继承下来的希顿（Chiton），并把头部也一起裹缠起来。有时古罗马男性贵族也会采用这种形式的穿着方式（图 3-4、图 3-5）。

图 3-1　古罗马 Toga

图 3-2　提着两个祖先头像的贵族

图 3-3　古罗马时期人物着装复原像

图 3-4　奥古斯都像

图 3-5　身着 Toga 的古罗马人

丘尼卡（Tunic）

丘尼卡（Tunic）是一种有连袖的宽敞筒形衣（图3-6），有时可穿内外两件，内层较短小，外层较长大，作为平日的简便装束，必要时会将托加（Toga）套在外面。古希腊人一般只穿单层衣服，而古罗马人习惯穿双层衣服。因此内层衣就逐渐变为紧身的长筒形衬衫，一般长于膝下，男服用羊毛织物制作，女服用亚麻布制作。古罗马男性也穿古希腊克拉米斯（Chlamys）式斗篷，只是更宽大，常有精致华丽的装饰。

佩奴拉（Paenula）

佩奴拉（Paenula）是一种钟形的可防寒、防雨的外套（图3-7）。多数佩奴拉（Paenula）是在整片面料上开领洞制成，但偶尔也有在身前留有开口的式样（图3-8）。佩奴拉（Paenula）一般都带有风帽，沿颈部绕一周与衣服相连，前胸部分有开口，在顶端用别针固定。佩奴拉（Paenula）的裁剪方法可以有许多小变化，有的没有风帽，有的四周长度一样，有的两边的长度比前后要短。佩奴拉（Paenula）一般使用编织紧密的粗羊毛材料，有时也用软皮革制作。

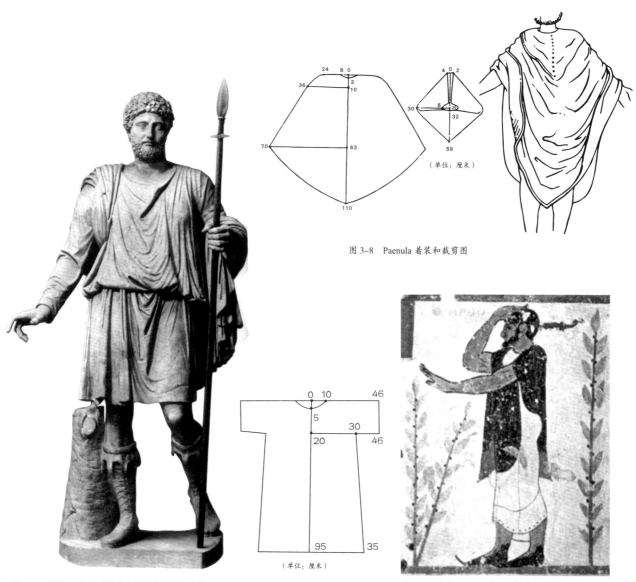

图 3-8　Paenula 着装和裁剪图

图 3-6　身穿 Tunic 的古罗马人雕塑及裁剪尺寸图

图 3-7　身穿 Paenula 的人物像壁画

图3-9　古罗马戎服

图3-10　古罗马鱼鳞甲和板甲

图3-11　普莱马波尔塔的奥古斯都

图3-12　好莱坞电视剧《罗马》中的凯撒大帝与罗马兵团

盔甲

　　讲究奢侈而又好战的罗马人，在军服设计上也用尽了心思（图3-9）。古罗马盔甲有鱼鳞甲、锁子甲，以及源自古希腊并经过优化设计的板甲（图3-10）。士兵们在盔甲外面套红色或白色长袍，高级指挥官则披白色羊毛斗篷。最高统帅即皇帝的铠甲非常华丽，上面有精致而优美的浮雕（图3-11），铠甲下面有短的百褶裙。好莱坞电视剧《罗马》中再现了凯撒大帝与罗马兵团（图3-12）。

　　古罗马军团士兵头盔都没有盔冠装饰。头盔上有纵列马鬃装饰的一般多是古罗马军团指挥官。盖乌斯·屋大维·图里努斯（Gaius Octavius Thurinus）建立的罗马禁卫军全部使用纵列马鬃做头盔装饰（图3-13），百夫长则是横列马鬃装饰。其实这种装饰着马鬃的头盔真正使用的时间很短，除了马鬃不利于对盔顶的加固外，主要原因是马鬃装饰的盔冠太过显眼，容易成为敌人的射杀目标。

图3-13　古罗马禁卫军形象

因此，后期古罗马头盔顶部都进行了十字边条加固。此外，古罗马人还将头盔上的马鬃涂上与盾牌、服装统一的颜色，用以作为部队的标志。

图 3-14　古罗马壁画中女子形象

图 3-16　身穿 Stola 和 Palla 的古罗马女性雕像

图 3-15　古罗马壁画中的女子形象

图 3-17　古罗马武士靴和武士鞋

帕拉（Palla）

女式披肩帕拉（Palla）是古罗马女性缠绕在丘尼卡（Tunic）或斯托拉（Stola）之外的一块大约 9 英尺（2.74 米左右）长、5 英尺（1.52 米左右）宽的长方形麻或毛织物裹缠衣（图 3-14、图 3-15）。

有时，帕拉（Palla）还被拉到头上兼作面纱。当妇女坐着或者处于一种更加放松的姿势时，也可以把帕拉（Palla）披挂在手臂上。妇女外出时，要用帕拉（Palla）遮盖住自己的身体和头部（图 3-16）。在古罗马人看来，这样做既可以避寒或者避免不得体的显露，又可以避开任何邪恶的眼睛。

罗马鞋

古罗马人在制作靴鞋方面，效仿和继承了古希腊人的高超技艺。平时，罗马人在室内穿着用皮革或草席制成的拖鞋。上街穿皮鞋，鞋的脚跟和脚面部分用大块皮子做出合脚形状并用带子系结，脚趾露在外面。有一些露趾武士靴，上面装饰着精美的花纹和作凶悍状的兽头，极其精美奢华。古罗马时期带有粗犷风格的角斗士鞋（Gladiator sandals）为平底，以漆皮或彩色皮质拼接，并带有精致的交叉绑带设计，沙土色、咖啡色、原皮色等是古罗马角斗士鞋（Gladiator sandals）的主流色彩（图 3-17）。

图 3-19　古罗马壁画中的人物

图 3-18　古罗马彩色人物烛台

颜色信仰

随着古罗马染色技术的日趋丰富，古罗马时期的城市中甚至出现了专门的染色店，可以染出紫、红、蓝、黄等颜色。古罗马彩色人物烛台实物中可见当时黄色和红色的颜色（图 3-18）。

古罗马人穿的托加（Toga）的颜色以白色、深红色、紫色为主，也有浅绿、浅蓝等色彩。白色被认为是纯洁正直的象征，紫色提取自地中海的一种贝壳，象征高贵。古罗马遗址壁画（图 3-19）、油画作品《颓废的罗马人》（图 3-20）和《凯撒之死》（图 3-21）中即可见身穿白色、浅绿、浅黄、深红和紫色托加（Toga）的罗马人。官吏、神职人员以及年满 16 岁的贵族，穿有紫色边饰的托加（Toga）；高级官吏、将军和皇帝的托加（Toga）是绣有金星纹饰的紫色托加（Toga）。但官员的候选人穿白色托加（Toga），以象征其品德纯正。元老院议员的袍服有两条宽的紫色装饰带克拉比（Clavi），从上身领口下方垂到裙下；骑士袍服上的装饰带比较窄。这种显示身份的有条纹的衣服，后来演变为教会神职人员的专用服装。一般市民只能穿未经染色的羊毛托加（Toga），显得很朴素。

图 3-20　托马斯·库提尔油画《颓废的罗马人》（1847 年）

图 3-21　杰洛姆油画《凯撒之死》

第四章 拜占庭、日耳曼

一、拜占庭

自从 395 年罗马帝国分裂后，西罗马帝国因北方日耳曼人的入侵于 476 年灭亡，但东罗马帝国的拜占庭文化却在整个中世纪一千余年的时间里，集古罗马文化、东方文化和基督教文化于一体，对同时期以及后世的西欧文明影响甚大。

拜占庭帝国分为前后两个时期，以 6 世纪查士丁尼（Justiniaus，527—565 年在位）统治时期为鼎盛期。前期（4—6 世纪），奴隶制逐渐瓦解，与此同时，封建主义作为新兴势力发展起来。查士丁尼王朝时期，独特的拜占庭文化被来朝拜进贡的西欧贵族带回西欧，影响着西欧文明的进程。

拜占庭文化是希腊、罗马的古典理念、东方的神秘主义和新兴基督教文化这三种完全异质的文化的混合物。拜占庭发达的染织业，是以华美著称的拜占庭文化的重要组成部分（图 4-1）。6 世纪中叶以前，中东一带通过丝绸之路与中国进行着频繁的交流，进口了大量中国丝绸。552 年，查士丁尼派遣两位熟悉东方情形的基督教徒远赴中国，将当时中国对外保密且禁运的蚕卵藏在竹杖中偷运回君士坦丁堡，从而使生丝的生产在拜占庭兴起，加速了拜占庭的经济繁荣。同时，查士丁尼又从叙利亚的纺织工匠那里引进机杼和织花技术，使拜占庭的丝织业迅速发达起来。

拜占庭初期服装延续着古罗马帝国末期式样。随着基督教文化的普及，拜占庭服装逐渐失去了古罗马服装的自然之美，造型变得平整而宽大，人体也被遮蔽在服装之下不再显露（图 4-2）。从中国进口的大量丝绸以及拜占庭染织业的不断发展，使人们有机会使用更为华丽和珍贵的丝织品。人们竭尽所能地增加纺织面料的外观效果，如金银线混织的中古织金锦（Samite），将宝石和珍珠织入织锦，

这使服装的表现重点从古希腊、古罗马强调自然的人体意识转变为注重衣料的质地、色彩和装饰上，由此形成了西方服装史上的第一次"奢华时代"。拜占庭人相信，上天的力量显示在皇帝和教会的金银珠宝上，皇宫和教堂愈是豪华，就愈能证明每位基督徒所期盼的来世会成真。这种观念让拜占庭发展出了精湛的金银制品工艺技术。

图 4-1 拜占庭纺织品及服饰

图 4-2 拜占庭时期人物服饰

达尔玛提卡（Dalmatica）

拜占庭时期的主要服装是从罗马帝国末期与基督教一起出现和普及的达尔玛提卡（Dalmatica），它取代了托加（Toga）和帕拉（Palla）等款式。藏于罗马圣彼得大教堂的查理曼大帝的两件达尔玛提卡（Dalmatica）实物，工艺非常精美（图4-3）。根据拜占庭的传统，大主教袍上的图案为圣像及宗教仪式场景。除了人物，大主教袍上还装饰有精美的花卉纹样（图4-4）。

与贵族服装的奢华相反，普通劳动阶层的服装样式朴素简单，没有任何装饰。妇女们不施装扮，反将珠宝献给教会，自己平时穿着白色宽大长衫与连袖外套，素净淡雅，然而她们的丧服却又色彩鲜艳，用以祝愿逝者在来世能有幸福的生活。

391年，狄奥多西大帝把基督教定为国教后，具有宗教色彩的达尔玛提卡（Dalmatica）开始在罗马市民中普及。这是一种无性别和等级区分的日常服装。罗马市民把布料裁成十字形，中间挖洞作贯头的领口，袖下和体侧缝合。在达尔玛提卡（Dalmatica）的肩部到下摆装饰着两条紫红色的纵向条饰克拉比（Clavi）（图4-5）。克拉比（Clavi）最早使用于古希腊服装，曾是贵族身份和地位的标志（图4-6）。到了拜占庭时期，克拉比（Clavi）作为基督血的象征，成为一种单纯的宗教装饰，不再具有先前的身份和等级象征，任何人都可以使用。

图4-3　罗马圣彼得大教堂查理曼大帝的Dalmatica

图4-4　身穿花卉纹样Dalmatica的主教

图4-5　拜占庭壁画中的Dalmatica

图4-6　古希腊陶器上身穿装饰着Clavi的Dalmatica的女性
（美国纽约大都会艺术博物馆藏）

帕鲁达门托姆（Paludamentum）

拜占庭时期最具代表性的外衣是方形大斗篷帕鲁达门托姆（Paludamentum），其面料为毛织物，通常染成紫色、红色或白色。帕鲁达门托姆（Paludamentum）在罗马时代被披在左肩，右肩处用别针固定；在拜占庭时代变长为梯形，穿着者在胸前缝一块四边形的装饰布。其样式如圣维塔列教堂的镶嵌画《查士丁尼及其随从》（图4-7）和《提奥多拉与随从》（图4-8）中的人物穿的袍服。在《查士丁尼及其随从》中心位置的是身穿紫红色长袍的查士丁尼大帝，他的右边是两个表情谦恭的贵族和五个手拿武器的年轻侍卫，左边是大主教马克西米尔，再左边是两个助祭者，一个手里拿着精心装饰的《圣经》，一个提着教会中使用的油灯。

拜占庭时期大斗篷帕鲁达门托姆（Paludamentum）实物如罗杰二世的加冕丝质长袍，上面饰有珍珠与金线（图4-9）。此时，帕鲁达门托姆（Paludamentum）的另一个特点是在斗篷的前面和后面各有一个方形或长方形的绣饰（图4-10），称为塔布里昂（Tablion）。塔布里昂（Tablion）类似中国明清时期官员常服上的"补子"。

较之男装，拜占庭女装更具东方风格。6世纪以后，罗马女性们穿的帕拉（Palla）逐渐变窄，称为帕留姆（Pallium），与达尔玛提卡（Dalmatica）一起作为外出服饰使用。到拜占庭时代，帕留姆（Pallium）演变为宽15～20厘米的表面有刺绣或宝石装饰的带状物，时称罗拉姆（Lorum，图4-11）。

图4-7 《查士丁尼及其随从》

图4-8 《提奥多拉与随从》

图4-9 罗杰二世的加冕长袍

图4-10 拜占庭时期的大斗篷Paludamentum

图4-11 拜占庭时期的Lorum

图 4-12　欧洲早期居民着装

二、日耳曼

476 年，因奴隶起义和日耳曼人入侵，西罗马帝国从此灭亡，欧洲步入封建社会，日耳曼人也以此为契机成为欧洲历史舞台上的主要角色。由于日耳曼民族之间征伐不断，加之基督教对社会政治、经济、文化、军事的严格控制，使欧洲的发展处于全面停滞的状态。经济没落、科技落后、医学不发达、瘟疫横行，加之封建地主对百姓的严酷盘剥，使人民生活在毫无希望的痛苦中，所以中世纪或中世纪早期被历史学家称作"黑暗时期"。

中世纪早期，欧洲许多国家的人穿着不同，他们一般穿着短上衣、裤子，配有皮带和护腿（图 4-12、图 4-13）。教会神职人员穿长至脚踝的袍服。服装的面料多是农村生产的未染色的棉或亚麻，好一点的也只是经过漂白或染色的亚麻布，以及图案简单的羊毛编织面料。富人们穿着由更细、更丰富多彩的布缝制而成的长袍，贵族们则穿从拜占庭进口的丝绸装饰绣花的长袍。穿长袍时，人们通常在腰部系皮带或织带。

图 4-13　丹麦出土的北欧青铜时代的原始衣物

丘尼卡（Tunic）

与古罗马时代注重礼仪和装饰的南方型服装文化相比，处于西欧严寒地带的日耳曼人的服装具有完全不同的特征。它是以御寒保暖、便于活动为目的，自发形成的封闭紧身的服装样式。例如男服上衣是无袖皮制丘尼卡（Tunic），下身是长裤，膝以下扎绑腿或一副覆盖到双膝之上的坚固护腿。这类服装与其原始狩猎生活相适应，取材用料多为动物毛皮。

萨古姆（Sagum）

根据气候，裤子剪裁或松或紧，也可以不穿。为了行动方便，农民和战士一般穿齐膝短裤，下面用布带绑腿。欧洲人一般在正式礼服和冬天室外服最外面披一件大斗篷萨古姆（Sagum）。这本是罗马战士和一般市民在战争时穿的非常实用的外衣。日耳曼人的萨古姆（Sagum）多是暗红色毛织物或有紫色缘饰的绿色毛织物（图4-14）。

图4-14 500—1000年间盎格鲁·撒克逊人的着装

图4-15 头上包Veil的日耳曼女性

图4-16 盎格鲁·撒克逊人的仪仗头盔（约为6—7世纪的文物）

达尔玛提卡（Dalmatica）

日耳曼女性服装沿用了罗马末期的达尔玛提卡（Dalmatica）。其式样为短袖束腰连衣裙，衣长取决于天气，寒冷时一般长至脚踝，夏天稍短，但无论何时都系腰带。此时的克拉比（Clavi）装饰已变成沿脖子围一圈，以及后背中心垂直一条的形式。上层女性服装的衣边会装饰非常丰富的刺绣。为了御寒，日耳曼女性常把两件达尔玛提卡（Dalmatica）重叠穿用，里面的达尔玛提卡（Dalmatica）是紧身的小口长袖，外面的是宽松的为半袖或喇叭状的长袖，袖口上还装饰有带状刺绣纹样。

贝尔（Veil）

随着基督教的传播，已婚妇女怀孕期间要用长及足踝的头巾贝尔（Veil）盖住头发。平时，贝尔（Veil）不仅包头后披在身后，还常像披肩似的包住双肩。日耳曼贵族妇女还常在贝尔（Veil）上面戴镶满珠宝的金冠饰（图4-15）。

为了防寒，盎格鲁·撒克逊农民和战士平时在头上戴皮帽或毡帽，打仗时则戴头盔（图4-16）。金属佩剑是贵族身份的标识。在英格兰，只有自由人可以在腰间携带刀剑。盎格鲁·撒克逊贵族男性一般用贵重的珍珠宝石装饰胸针。

第五章　罗马式时代

罗马式艺术即七八世纪以后，在西欧兴起的艺术。罗马式艺术在 11 世纪成熟，12 世纪达到巅峰，可以说是当时"泛欧洲"的艺术潮流，其影响力延续至 13 世纪。欧洲历史上一般把 11 至 12 世纪称为"罗马式时代"（Romanesque）。这是欧洲中世纪出现的两大国际性时代中的第一个时代。罗马式艺术于 1075 至 1125 年间达到高潮，12 世纪中叶以后被哥特式艺术取代。

罗马式艺术的风格主要表现在教堂的建筑，以及装饰教堂的雕刻作品中。通过中世纪修道院的组织，创造出新的教堂建筑形式，从而激发了新的建筑技术与艺术风格。10 世纪之后，西欧经济水平提高，封建制度稳固；作为社会精神支柱的教会势力也与贵族力量并行发展，特别是修道院制度更为完备；十字军东征和大规模的传道活动扩大了教会的势力和影响；对圣人遗物的崇拜，掀起了各地朝拜的热潮。经济的发展和宗教狂热使新的教堂和修道院层出不穷，为了追求更加壮观的效果，这些建筑普遍采用类似古罗马的拱顶和梁柱结合的体系，并大量采用希腊罗马时代"纪念碑式"雕刻来装饰教堂，因此这个时代的风格被称为"罗马式"。罗马式教堂的雏形是具有山形墙和石头并使用圆拱的坡屋顶。它的外形像封建领主的城堡，以坚固、沉重、牢不可破的形象来显示教会的权威（图 5-1）。教堂的一侧或中间往往建有钟塔。屋顶上设一采光的高楼，从室内看，这是唯一能够射进光线的地方。教堂内光线幽暗，给人一种神秘宗教气氛、肃穆感及压迫感（图 5-2）。

图 5-1　比萨大教堂（Pisa Cathedral）

图 5-2　罗马式教堂内部和教堂顶部

男女同服

罗马式时代的服装是日耳曼人吸收基督教和罗马文化后，逐渐形成独自的服装文化的过程。从整体上看，罗马式时代的服装文化是由三个要素融合而成：南方型的罗马文化、北方型的日尔曼文化和由十字军带回的东方拜占庭文化。它一方面在形式上继承了古罗马和拜占庭的宽衣、斗篷、风帽和面纱，另一方面则保留了日耳曼系腰带的丘尼卡（Tunic）窄衣样式。

罗马式时代的服装特征是男女同型，除男子穿裤外，几乎没有明显的服饰性别差异。其基本品种有内衣鲜兹（Chains）、外衣布里奥（Bliaut）、斗篷曼特尔（Mantle）。

内衣鲜兹（Chains）和外袍布里奥（Bliaut）都是长长的筒形丘尼卡（Tunic）式衣服。鲜兹（Chains）是白色麻织物的内衣，袖子为窄长紧身的造型，袖口装饰着精美的刺绣和带子，领口多以数排丈绳或金银线滚边作缘饰，衣长及地（图5-3、图5-4）。

11世纪中产阶级朝圣夫妇　　12世纪法兰克王室成员

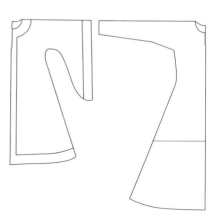

图5-3　罗马式时代女式 Bliaut 和 Chains

图 5-4　罗马式时代男式 Bliaut 和 Chains

图 5-5　趋于合体的 Bliaut

布里奥（Bliaut）

　　布里奥（Bliaut）是 12 至 13 世纪欧洲男女穿着的束腰长袍，一般选用丝绸织物或毛织物制作。它下摆、肩、胸、背宽松，腰节处收紧，袖口进行斜裁，七分袖或八分袖，袖口呈喇叭状。为了使造型合体，人们将前片和后片按人体的腰部曲线裁剪，并在后中线竖向破缝，在破缝两侧挖汽眼，并用绳带系紧。这样使布里奥（Bliaut）出现了许多横向的衣褶（图 5-5）。其袖根到肘部紧身，肘部以下的袖口突然变大，长者甚至垂地。为了方便，人们还将袖口打结。裙子下摆呈扇形，长长地拖在地上，盖住穿者的双脚。

　　女装打破了直线剪裁方式，首创性地在侧摆处加入三角布来增大臀围量以及下摆量，这样就迈出了服装合体性的第一步，并由此形成了服装表面丰

图 5-6　有许多纵向褶皱的 Bliaut

富的纵向衣褶（图5-6）。

徽章

　　11至12世纪，西欧的金属冶炼和制造工艺有了很大的提高。西欧骑士的头盔和铠甲由原来的半裸型向封闭型转变，骑士的脸部与躯体几乎完全被遮住。当时欧洲的铠甲式样很少，甚至有时会出自同一个作坊，因此，很难从铠甲的外观上区分敌我。为了区分穿者的身份，就在盾、旗帜、胴衣、外套、马披、马鞍、帐篷及其他器具上都画上、刺绣或雕刻一些易于识别和区分的纹样（图5-7）。13世纪末，法国女装也应用了这种纹样（图5-8）。到了14世纪，甚至连一般市民和农民也流行使用家徽来装饰服装。此时纹样的设计越来越复杂，并成为具有特殊意义的识别符号，人们将之称作"徽章"。当时的人们崇尚骑士精神，热衷于建功立业，彰显家世，徽章也被看成家族标记，显示出主人高贵的社会地位，并进而与采邑、封地乃至家族联系起来，最终成为一种荣耀和不可侵犯的世袭符号（图5-9）。

　　家徽图案一般在规定的盾形中表现，纹样题材以动、植物为主，动物以虎和狮最为常见，也有天体（日、月、星辰）和人物掺杂在图案内。其在衣服上的装饰方法是利用前中心和腰围线把衣服分割成上下、左右四个部分（一般多纵向分成两半），左右各用不同色地，然后从肩到脚，无论前后，通身补上或刺绣被放大的大型纹徽图案。为了配色需要，不仅衣服左右色地不同，而且也有两只袖子与衣身的色地是成对比状的（图5-10）。根据欧洲传统，只有家族的长子能完全继承家族的徽章，其他人在继承徽章的时候要对图案有所改动。已婚女子要把娘家和婆家的家徽分别装饰在衣服的左右两侧，门第高的一方在左侧。也有称丈夫徽章居左，妻子徽章居右。儿童一般继承父方家徽。

　　在所有的徽章图案中，最早出现和使用范围最广的就是盾形徽章了。盾形是可用于社会各阶层的最基本图形。而更为复杂的徽章只有某些特定的王室成员或有爵位的人才可以使用。

图5-7　中世纪武士盾牌和服装上的徽章图案

图5-8　用徽章装饰的法国女装

图5-9　英国皇家徽章

图5-10　用徽章装饰的中世纪女装

第六章　哥特式时代

哥特式艺术始于 12 世纪的法国，盛行于 13 世纪，至 14 世纪末期，其风格逐渐大众化，成为国际哥特风格，直至 15 世纪，因欧洲文艺复兴时代来临而迅速没落。不过，在北欧地区，这种风格仍延续了相当长的时间。

哥特式风格以高耸、阴森、诡异、恐怖为符号，呈现出夸张、不对称、奇特、轻盈、复杂和多装饰的风格式样，被广泛地运用在建筑、雕塑、绘画、文学、音乐、服装、字体等各个艺术领域。"哥特"是英语 Goth 的音译，原指代西欧日耳曼部族的哥特人。也有人说，Gothic 源于德语 Gotik，词源是 Gott，音译"哥特"（意为"上帝"），因此哥特式也可以理解为"接近上帝的"的意思。

十字军东侵以后，随着东西方贸易的加强，欧洲在大量进口东方的丝织物及其他奢侈品的同时，手工业得以发展。到了 13 世纪，服饰业就被细分为裁剪、缝制、做裘皮、滚边、刺绣、做皮带扣、做首饰、染色、揉制皮革、制鞋、做手套及做发型等许多工种和独立的专业性作坊。

就建筑样式而言，哥特式一反罗马式建筑厚重阴暗的半圆形拱顶，广泛采用线条轻快的尖形拱券。哥特式建筑造型高耸的尖塔，轻盈通透的飞扶壁，修长的立柱或簇柱以及彩色玻璃镶嵌的花窗，造成一种向上升华、天国神秘的幻觉。哥特式教堂窗子很大，几乎占满整个墙面（图 6-1）。当时还不能生产纯净的透明玻璃，但能生产含有各种杂质的彩色玻璃。心灵手巧的工匠们用彩色玻璃在整个窗子上镶嵌了一幅幅圣经故事。到 12 世纪，玻璃的颜色有 21 种之多。阳光照射时，把教堂内部染得五彩缤纷，光彩夺目。

图 6-1　哥特式建筑及哥特式教堂的彩色玻璃

科特（Cotte）

在哥特式初期，男女服装仍处在无性别区分的宽大筒形阶段。随后，罗马式布里奥（Bliaut）被新式外衣科特（Cotte）取代（图6-2）。科特（Cotte）仍是一种男女同型的服饰。其式样为小圆领口、收紧的袖口和常有饰边的裙下摆。男子服饰衣身较短，一般为素色毛织物，主要穿在外衣里面，装饰少。女子服饰衣身长，裙摆有更多褶皱，腰带系的较高，从躯干到袖子的袖根部位为宽松型，从肘到袖口则较紧并饰有纽扣。

修尔科（Surcot）

在正式场合或者外出时，人们在科特（Cotte）外罩一件修尔科（Surcot，图6-3）。修尔科（Surcot）是一种装饰性的华丽套头筒形外衣。男女样式接近，有无袖、半袖、长袖式样。男式衣身较短，两侧开衩到胯部，便于行动。女式多为喇叭口的半长袖，可以露出里面的紧口袖，富有层次美，裙摆也很宽大，呈喇叭状，通常装饰有毛边。为了行走方便，人们常把前摆提起来，别进腰带，前面的堆褶使女性腹部像孕妇般凸起。

图6-2　中世纪 Cotte 实物

图6-3　中世纪绘画中身穿 Surcot 的人物形象

图6-4　中世纪 Cyclas

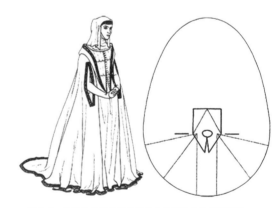

图6-5　哥特式时代身穿斗篷的女子形象和斗篷裁剪图

希克拉斯（Cyclas）

当时还流行一种叫希克拉斯（Cyclas）的外衣，未婚女子的希克拉斯（Cyclas）两侧一直到臀部都不缝合（图6-4）。其式样为无袖的宽松式筒形外套，前后衣片完全一样，长至足跟，贴身的袖子搭配了狭窄的带子，外穿一件无袖的外罩。希克拉斯

（Cyclas）有两种：一种常用，一种礼用（较长，拖到地面，有流苏装饰）。直到此时，来自罗马的影响力丝毫没有减少。

盛装时，人们还会披上超大的斗篷（图6-5），当时流行的姿态就是用三根手指拉着胸前的带子，拖着长长的斗篷慢慢行走。

中世纪女袍

中世纪时期，由于基督教神学的统治和禁欲主义的盛行，直线裁制的宽大衣袍抹杀了男女性别特征（图6-6）。但人们对美的追求始终没有改变，到了中世纪末期的13至14世纪，女装从两个方面开始突破传统禁锢。首先，开大领口，更多地裸露女性性感部位——先是出现了横向扩大（领口为船形），增加颈部裸露，后来又出现纵向深开的V型领口，增加胸部裸露（图6-7）。其次，是收紧腰身，以显露女性的腰臀之美。

格陵兰长袍

人们借鉴按人体结构构成的欧洲铠甲（图6-8）的立体造型技术，创制了格陵兰长袍（图6-9）。它是一种上半身合身、下半身宽大的长袍。左右两侧及前后两面，从袖根到下摆共有13片衣片。为了使裙摆夸张，裙身插入许多条三角形布，诞生了真正意义上的三维立体服装。由于收省，胸部自然隆起而显出女性的曲线美。这种裁剪方法使罗马式时期服装的收腰意识在13世纪得到了发展，使服装结构由过去的二维空间向立体裁剪的三维空间方向发展。

图6-6 中世纪初期禁欲主义的服装式样　图6-7 中世纪穿深开V领服装的女子形象

图6-9 哥特时期格陵兰长袍款式和剪裁图

科塔尔迪（Cote Hardi）

随着财富的增加，世俗兴趣的增强，欧洲人的自豪感和人生自由程度都有所提高。人们对人体的表现有了更高的要求。这一切在14世纪发生了改变。人们开始裸露肉体，将领口开大，袒露肩部和胸部。这与三维剪裁技术的应用相呼应，人性价值开始彰显，宗教色彩逐渐从服装上退位。这种倾向突出地表现在14世纪出现的外衣科塔尔迪（Cote Hardi，图6-10）和无袖长袍萨科特（Surcote）上。

科塔尔迪（Cote Hardi）是一种连衣裙式外衣，源于意大利，14世纪流行于西欧。科塔尔迪（Cote Hardi）运用了省的裁剪方法，使胸腰臀都非常合体贴身，突出女性的曲线美，在前中央处或者腋下置扣，或是系带子。它的领口很大，使得双肩袒露，是欧洲服饰史上第一次展现女性美的服装。

图6-10 14世纪身穿Cote Hardi的女子

萨科特（Surcote）

萨科特（Surcote）袖窿开得很深，而且前片比后片向里挖得更多，穿着时可以露出里面的衣服（图6-11）。它的前胸用宝石做成一排扣子，与穿在里面的科特（Cotte）袖子上的扣子相互呼应（图6-12）。

波尔普万（Pourpoint）

进入14世纪以后，为了增加服装的功能性，西方男性开始穿着称之为波尔普万（Pourpoint）的上衣和腿衣相结合的装束。波尔普万（Pourpoint）原来是穿在盔甲里面的上身衣服，后来转用为一般上衣（图6-13）。

图6-11　中世纪绘画中身穿 Surcote 的女子形象

图6-12　身穿 Surcote 的女子及其款式图

图6-13　Pourpoint 实物

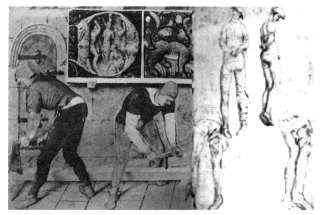

图6-14　中世纪人物画中的 Chausses

肖斯（Chausses）

中世纪初，男女皆穿以丝绸、薄毛织物、细棉布等为材料做成的无裆袜肖斯（Chausses），英语称 Hose（图6-14）。由于男子上衣已缩短至腰上部，肖斯（Chausses）需要用绳子与波尔普万（Pourpoint）的下摆系接固定。这时期肖斯（Chausses）的左右裤腿是分开的，且流行左右不同色的穿法。有的肖斯（Chausses）保持袜子形状，在脚底还有单独缝合的皮革底，有的已进化为裤子状，长及脚踝或脚履。从外形上看，肖斯（Chausses）很像今天的长筒袜。伴随着波尔普万（Pourpoint）和肖斯（Chausses）组合形式的出现，男裤女裙的服饰性别差异也开始形成。

14世纪中叶，出现了男女衣服造型上的分化，与男子服短上衣和紧身裤组合这种上重下轻的、富有机能性的造型相对，女服上半身紧身合体，下半身裙子宽大、拖裾，上轻下重，更富装饰性。这些与古代的宽衣文化性质完全不同，而是日耳曼窄衣文化的发展。

性别遮蔽

14 世纪末期，西欧开始流行最后一款男女通用式样的筒形衣吾普朗多（Houppelande）。最初，这种衣服是作为对当时变短的男服的一种弥补而出现的室内衣，不久被女子采用，并逐渐发展为室外穿的盛装（图 6-15）。该款式也在以男性为主角的统治阶级和大商人中流行（图 6-16）。无论男女，吾普朗多（Houppelande）的最大特征是不显露体形，只注重衣服外表装饰，这就与同时期的科塔尔迪（Cote Hardi）和波尔普万（Pourpoint）形成强烈的对比，即一方是对肉体的肯定，一方是对肉体的否定，反映出中世纪西欧人在神权统治下，在禁欲主义支配下扭曲的矛盾心态。15 世纪晚期开始，筒形衣完全退出了男装的发展主流，成为女装的专用形式。

哥特式样

哥特式建筑的外观特征是采用锐角的塔和尖顶拱券。这一时期的服装受到了这种建筑风格的影响，出现了名为汉宁（Hennin）的尖顶高帽和尖头鞋（图 6-17～图 6-19），以及大下摆的裙子。这些与哥特式建筑向上升腾的垂直线特征一脉相承。这类服饰的出现使哥特式服装与哥特式建筑从神似达到了形似。

与此同时，这一时期的织物与服装所具有的光泽和鲜明色调也与哥特式教堂内彩色玻璃有着异曲同工之处。

图 6-15　绘画中身穿 Houppelande 的女性形象

图 6-18　具有哥特式建筑外观特征的尖头鞋

图 6-16　男式 Houppelande 人物形象

图 6-17　具有哥特式建筑外观特征的尖顶帽

图 6-19　哥特风格深 V 领下摆拖地的女袍

第七章　文艺复兴

　　14至17世纪，西欧国家发生了伟大的资产阶级文化运动——文艺复兴运动（Renaissance）。中世纪的十字军东侵，打开了东西方的商路，意大利的佛罗伦萨、威尼斯、热那亚成了当时的贸易中心。资本主义的发展、新兴资产阶级财富的增加，使社会风气大为改变（图7-1）。许多知识分子以古希腊、古罗马的古典文化为武器，向封建意识形态展开斗争。神的权威被人性所替代，人的价值和尊严得到肯定。教会的蒙昧主义和神秘主义被尊重知识、崇尚理性所替代。

图7-3　达·芬奇

图7-4　米开朗基罗

　　这个时期造就了一大批对当时和后世都有很大影响的思想家、科学家和艺术家。诗人但丁（图7-2）的《神曲》揭开了文艺复兴的序幕，达·芬奇（图7-3）、米开朗基罗（图7-4）、拉斐尔（图7-5）和莎士比亚（图7-6）等天才艺术家都为世人留下了不朽之作。

　　文艺复兴时期的服饰最显著的特点是服装由若干外形明确的独立部件组成。受欧洲各国国力消长和文化重心移动等因素的影响，文艺复兴时期的服装文化可大体分为三个阶段：意大利风时代、德意志风时代、西班牙风时代。

图7-5　拉斐尔

图7-6　莎士比亚

图7-1　文艺复兴时期纵情享乐的人们

图7-2　但丁

一、意大利风时代（1450—1510 年）

意大利威尼斯、佛罗伦萨、米兰等城市都有高度发达的纺织作坊，可以大量生产天鹅绒、织锦缎和织金锦等华贵面料。为了尽量展开这些精美面料，服装出现了宽大平坦的平面造型。15 世纪中叶延续细长造型的男女装，到 16 世纪开始向横宽方向发展，男装变得雄大，女装变得浑圆。

女性造型重心放在下半身，头饰小巧，一般都不戴帽子，头发向后梳，颈后挽髻，露出额头。女服是在腰部有接缝的连衣裙罗布（Robe），领口开得很大，呈 V 型，也有一字型，袒露的胸口上装饰着珍珠项链，高腰身，衣长及地，袖子一段一段扎起来有如莲藕，在上臂、前臂和肘部有许多裂口（图 7-7）。内衣外露既丰富了服装配色，也方便人体运动。此时，袖子开始独立剪裁和制作，可以在服装上自由摘卸。为了收腰，女裙以腰围线为界，上下分别裁制，然后再缝合或用带子连接在一起。女士们流行穿高底鞋乔品（Chopines，图 7-8）。

在文艺复兴意大利风时代，男装重心放在上身，采用宽大的上衣波尔普万（Pourpoint，图 7-9）和紧身的下衣肖斯（Chausses，图 7-10）组合。波尔普万（Pourpoint）为前开前合，用扣子固定和绗缝是其特点。自 14 世纪中叶至 17 世纪中叶，波尔普万（Pourpoint）作为男子的主要上衣延续了整整三个世纪。受西班牙服装式样影响，意大利风时代的波尔普万（Pourpoint）出现高立领，内衣的领子也随之变高，并且有褶饰（图 7-11）；衣长及臀，系腰带，前开式，用扣子闭合衣襟，腰部收细，袖子为紧身长袖，从肘到袖口用一排扣子固定。外出时一般穿齐膝大袍子和斗篷（图 7-12）。

图 7-7　文艺复兴风格女装

图 7-8　文艺复兴时期流行的高底鞋 Chopines

图 7-9　文艺复兴意大利风时代的上衣 Pourpoint　　图 7-10　文艺复兴意大利风时代的 Chausses

图 7-11　立领有褶饰的内衣和 Pourpoint

图 7-12　外出时穿的大袍子和斗篷

二、德意志风时代（1510—1550 年）

斯拉修（Slash）

德意志风时代服装的主要特色是露出里面的异色里子、白色内衣和缀饰有各色宝石、珍珠的裂口、剪口的斯拉修（Slash，图7-13）装饰。它源自德国士兵刀剑的划痕，男士们为了炫耀自己的英武而做出的一种人为装饰（图7-14），这种装饰也用在女装上（图7-15、图7-16）。

德国女服初期模仿意大利，为方形低领口，后来领口缩小，变成高领，袖子上有斯拉修（Slash）装饰（图7-17）。女子服装上身腰很细，袖根部极其肥大，在细腰的下面收许多纵褶，使裙子在造型上形成鲜明的体积对比（图7-18）。女子的大帽子上绣有花纹，饰有珠宝或鸵鸟羽毛，帽边有斯拉修（Slash）装饰。

图7-13　身穿 Slash 装饰服装的萨克森公爵夫妻

图7-14　《法国国王弗朗索瓦一世像》中服装袖子上有开口

图7-15　袖子上有开口的文艺复兴意大利风时代的女装

图7-16　Slash 装饰的女装

图7-17　袖子上有 Slash 装饰的女装

图7-18　文艺复兴德意志风时代的女服

茄肯（Jerkin）

这时带裙身的茄肯（Jerkin，图7-19）取代了波尔普万（Pourpoint），它有很高的立领且有普利兹褶。男子在紧腿裤肖斯（Chausses）的外面，再增加鼓胀的短裤布里齐兹（Breeches）和阴茎套科多佩斯（Cod Piece，图7-20）。这种装饰在欧洲非常流行。外出时，人们会在外面敞怀套衣身宽大的、袖子可拆卸的、毛皮里子或毛皮边饰的披肩。男子常在大帽里面再戴一顶软帽。

德意志风时代，人们还没有形成卫生观念，据说他们每年洗两次澡，因此，贵夫人们在脸上涂很厚的粉和胭脂，为了掩饰身体的异味，香水应运而生，各种化妆品制造业也蓬勃兴起。法国国王亨利三世时，男人也使用化妆品和香水，睡觉时同样戴面罩和手套。男女都时兴在头发上撒紫罗兰香粉。

图7-19 德意志风时代的 Jerkin

图7-20 奥地利蒂罗尔的菲迪南大公肖像中的 Cod Piece

图7-22 文艺复兴时期西班牙男服裤子

三、西班牙风时代（1550—1620年）

16世纪是西班牙的世纪，西班牙拥有举世闻名的无敌舰队，西班牙国王强制性地向欧洲各国推行西班牙服装，企图使人们顺应西班牙意志，国力强大的西班牙这时成为欧洲的流行中心。

填充物

西班牙服装的外观特征是大量使用填充物（图7-21），在波尔普万（Pourpoint）的肩部、胸部、腹部和袖子都塞进填充物使之膨起，甚至短裤和阴茎套也使用了填充物（图7-22），并装饰得格外引人注目。斯拉修（Slash）装饰也还有保留。外出时，他们在波尔普万（Pourpoint）外穿长及臀或膝的大翻领袍葛翁（Gown）和常有毛皮边饰的曼特尔（Mantle）。他们常在伸胳膊的地方装饰有假袖子。

西班牙风时代用料极为奢华，此时流行在黑色底上用金银线刺绣华美的纹样，天鹅绒、织金缎、织银缎备受宠爱，织物纹样也变得复杂化，拜占庭、萨拉森、波斯、中国风格的纹饰都出现在西欧贵族服饰中。除了复杂的纹样和精美的刺绣，贵族们甚至毫不吝惜地在服装上缀满宝石和珍珠。有时由于衣服被装饰得过于沉重，以致着装者步履维艰，出现连做弥撒时都无法下跪的窘境（图7-23）。

图7-21 亨利八世肖像

图7-23 文艺复兴西班牙风时代带有垂饰的女服

拉夫领（Ruff）

拉夫领（Ruff），也称"轮状皱领"。文艺复兴时期，拉夫领（Ruff）在欧洲男女服装上非常流行（图7-24～图7-26）。这种领子成环状套在脖子上，其波浪形褶皱呈"8"字形连续褶裥。做拉夫领（Ruff）时用细亚麻或细棉布裁制并上浆，干后用圆锥形熨斗整烫成型，为使其形状保持固定不变，有时还用细金属丝放置在领圈中做支架。这种领子因为褶皱过多过大，所以很费料。拉夫领（Ruff）早在德意志风时代就已初见端倪。最初拉夫领（Ruff）还和衣服结合在一块，后来就变成可拆卸的独立配件（图7-27），更是成为贵族男女服装的典型特征。

西班牙风时代，封建贵族的傲慢与奢靡心态作用到女装上。先前的祖胸式大领口被高达耳根的拉夫领（Ruff）替代，因为女性迷恋于高傲的贵族风度，从而使头部失去了活动的自由（图7-28、图7-29）。拉夫领（Ruff）的流行也间接地推动了花边装饰的流行。

拉夫领（Ruff）的制作方法是：先把细亚麻或者细棉布裁成大概二十米的长方形布条，宽度不定；再将布条来回折成人工褶，折完后用细线和领圈固定褶的其中一端；然后再用圆锥形熨斗熨成外蓬里紧的形状，并在里圈用领圈布条缝合；最后把细金属丝放在领圈里用以加固（图7-30）。

图7-24 文艺复兴西班牙风时代的男女服装

图7-26 文艺复兴西班牙风时代的男子

图7-25 文艺复兴时期的Ruff漫画

图7-27 文艺复兴西班牙风时代的Ruff实物

图7-28 《伊丽莎白一世肖像》

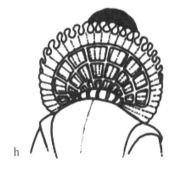

图7-29 文艺复兴西班牙风时代带有Ruff的女服

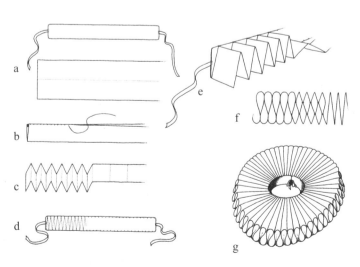

图7-30 文艺复兴西班牙风时代Ruff的制作过程

紧身胸衣苛尔·佩凯（Corps Pique）

西班牙风时代的女服盛行使用紧身胸衣苛尔·佩凯（Corps Pique，图7-31）和裙撑法勤盖尔（Farthingale）。

与强调丰臀的裙子越发膨大相对应，女性的腰身也被紧身胸衣勒得越来越细，甚至在法国国王亨利二世（1547—1559年在位）的王妃卡特琳娜·德·梅迪契的嫁妆中就有铁制紧身胸衣（图7-32）。她第一个把这种本来用在医疗上的铁制胸衣穿在身上，这种铁甲似的胸衣分前后两片，一侧装合叶，一侧用挂钩固定。而一般贵族女子的紧身胸衣是用布制成的。

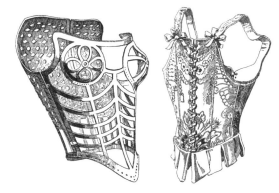

图7-31　文艺复兴西班牙风时代的紧身胸衣

1577年，出现了一种叫苛尔·佩凯（Corps Pique）的紧身胸衣，它用多片亚麻布纳在一起，中间加薄衬，质地厚硬。为了满足保持形状和强制性束腰的效果，在前、侧、后的主要部分都纵向嵌入鲸须，前部中央下面的尖端用硬木或金属制成。此时的紧身胸衣已经具有了完备的形制，成为一种塑造女性胸腰部位立体造型的独立部件（图7-33）。紧身胸衣作为女装塑形的主角，在西洋服装史中延绵存在了4个世纪，也为当时的妇女们带来了无法弥补的伤害：压迫肺部，胃、肠、肾等器官被迫下移，血液循环受阻（图7-34）。

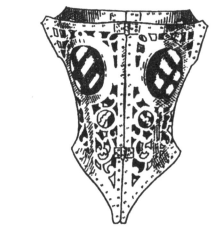

图7-32　铁制胸衣

当时的英国女王伊丽莎白一世（1558—1603年在位）曾一度极力倡导束腰，影响了当时女性的时尚。文艺复兴时期的女服以细腰阔裙的装束美而著称。刚刚从上下一体、无腰身和性别差异服饰盛行的中世纪走出的女性们，为了突出身体的曲线美，通过紧身胸衣和裙撑的组合对比来完成细腰身的造型。

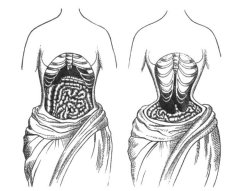

图7-34　紧身胸衣对人体的伤害

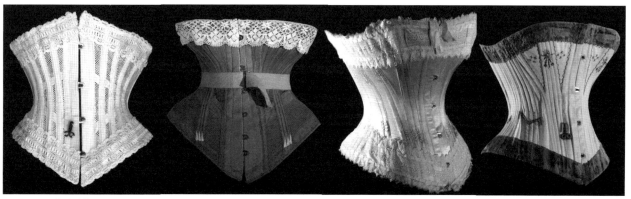

图7-33　各种紧身胸衣

文艺复兴时期的服饰装饰奢华，制作精致，细节丰富。如出现同色调不同面料材质和花色拼接的衣裙，数不尽的珠宝镶嵌的衣袖，犹如金箔闪耀在真丝长裙上的贴花，金色锦缎与闪亮塔夫绸相间的补花，天鹅绒镶宝石扣的鞋子等（图7-35）。

图7-35　文艺复兴时期奢华的服饰

图7-36 文艺复兴时期的裙撑 Wheel Farthingale

图7-37 文艺复兴时期的裙撑 Wheel Farthingale

图7-38 身穿西班牙风时代女装的贵族女性

法勤盖尔（Farthingale）

西班牙的时尚一直影响着英国，即使在两国交战的情况下也依然如此。西班牙贵族发明的法勤盖尔（Farthingale），从16世纪下半叶到17世纪一直引领着欧洲时尚。这是一种在亚麻布上缝进鲸鱼轮骨或藤条的吊钟形裙撑。当时，不用做体力活的贵族女性都穿着西班牙法勤盖尔（Farthingale）。接着法国人又用马尾织物、铁丝和填充物做成了轮胎状的裙撑附加物威尔·法勤盖尔（Wheel Farthingale，图7-36）。西班牙裙撑造型如吊钟形，附加了法式裙撑后使裙子从臀部看上去像个圆环，裙子的布料从女人腰间的撑环外缘垂直坠下（图7-37、图7-38）。两种式样同时存在于欧洲这个时期（图7-39）。

独立袖子

文艺复兴时期女装的袖子有泡泡袖、羊腿袖、藕节袖（图7-40）。袖子里面塞满了填充物，使袖身变得有些僵硬和肿胀。为了便于缝制，袖子与衣身分开缝制，每次穿时用细带连接。于是，女服也与男服一样，出现了掩饰袖根接缝的肩饰。袖子成为一种可以更换搭配不同服装的可变元素，甚至还成为一种赠送友人的礼品。

此时，还有一种极为特殊的带有垂饰的式样，即外套的袖子从肩部打开，露出里面的面料，在肘部固定，袖子长长垂至地面。

图 7-39　西班牙裙撑（右图）和法国式裙撑（左图）

图 7-40　《宫廷舞会》

图 7-41　文艺复兴西班牙风时代的前开式女裙

斯塔玛克（Stomacker）

由于此时期前开式罗布（Robe）的流行（图7-41），女性服装胸前连接处的装饰显得格外重要，这就产生了掩盖紧身胸衣苛尔·佩凯（Corps Pique）的装饰性三角胸衣斯塔玛克（Stomacker，图 7-42）。16 世纪中叶，为了强调女性的细腰，斯塔玛克（Stomacker）在前腰部接缝处呈锐角形下垂，并从其顶点向下呈 A 字型打开，露出里面的衬裙。因此，衬裙必须与外面的罗布（Robe）在用色和用料上保持协调，常使用厚地塔夫绸、织金锦等豪华面料，还装饰有宝石和精美的刺绣。

图 7-42　装饰性胸布 Stomacker

第八章　巴洛克、洛可可等

图 8-1　绘画中的巴洛克时期剧院

图 8-2　巴洛克时期建筑室内装饰纹样

图 8-3　巴洛克时期建筑室内装饰

图 8-4　巴洛克风格绘画作品

一、巴洛克

17 世纪的欧洲极为动荡，王权与各大小贵族、新兴资产阶级与封建君主势力、民众与资产阶级、代表旧宗教势力的天主教与代表革新派的新教之间，都展开了激烈的斗争。以德国为战场，几乎欧洲所有的国家都参加了举世闻名的 30 年战争（1618—1648 年）。

荷兰率先建立了第一个资本主义国家，英国经过一个世纪的反复斗争，也终于步入资本主义社会，法国则进一步强化了中央集权的专制政体。从 16 世纪以来就打下稳固的政治、经济基础的法国波旁王朝，在 17 世纪后半叶，由于"太阳王"路易十四推行绝对主义的中央集权制和重商的经济政策，法国国力得以发展，成为欧洲新的时装中心。从此，法国时装与法语、法国菜一起，成为人们追求的一种时髦。17 世纪的巴洛克风服装是以男性为中心，以路易十四的宫廷为舞台展开的奇特装束。

巴洛克一词本义是指一种形状不规则的珍珠，后指一种生机勃勃，有动态感，气氛紧张，注重光和光的效果，擅长表现各种强烈的感情色彩和无穷感的艺术风格的名称。在当时，巴洛克具有贬义，古典主义者认为它的华丽、炫耀的风格是对文艺复兴风格的贬低。但现在，人们已经公认，巴洛克是欧洲一种伟大的艺术风格（图 8-1 ～图 8-4）。

文艺复兴时期，人们看重男装的庄重感和体积感。到了巴洛克时期，社会上层男性们追求的是富有教养、风流举止和游戏般的情调，纤细和装饰性的女性式样成为男装的主导风格。因此，服装史学家习惯将巴洛克时期称作是"男装女性化"时代。

巴洛克时期的服装大体上可分为两个历史阶段：荷兰风时代和法国风时代。

图 8-5　《亨利利齐伯爵肖像》

图 8-6　巴洛克荷兰风时代的人物着装

图 8-7　荷兰风时代的男子服饰

图 8-8　荷兰风时代穿长裤的男子　　图 8-9　荷兰风时代女装的大翻领

（一）荷兰风时代（1620—1650 年）

17 世纪前半期的荷兰风样式从 1600 年前后开始，逐步把西班牙风时代被分解的衣服部件组合起来，从僵硬向柔和、从锐角向钝角、从紧缚向宽松的方向变化。荷兰风格时期的上衣肩部已不见文艺复兴时期的横宽和衬垫效果，取而代之的是自然舒适。男子夹衣的腰线上移并收腰，腰带多以饰带形式出现。胸和后背有开缝装饰，袖紧身，袖口饰有花边。男女服式抛弃了轮状皱领、填充物、紧身胸衣和裙撑，使服装变得舒适而柔和（图 8-5、图 8-6）。

"三 L"时代

荷兰风时代的三个特征是长发（Longlook）、蕾丝（Lace）、皮革（Leather），即"三 L"时代。

此时的波尔普万（Pourpoint）变长，盖住臀部，胸前和袖子仍有纵向的斯拉修（Slash），袖口翻折过来的克夫用白色蕾丝装饰。男子穿着的紧身裤被一种半截裤所取代，裤长及膝，并且在膝上用吊袜带或缎带扎口，装饰有蝴蝶结，这种半截裤叫做克尤罗特（Culotte，图 8-7）。后来到了 1640 年，出现了长裤（长及腿肚子的筒形裤），这是西洋服饰史上首次出现长裤（图 8-8）。贵族男士们为了追求骑士风度，常在右肩上斜挂佩刀，头戴装饰有羽毛的宽檐帽子，留着长而松散的头发、胡子和胡子尖，并披有甩在一个肩膀上的斗篷。

以新教思想为精神支柱的荷兰资产阶级，主张简朴美德，女服由僵硬感变得柔和自然，除了和男性服装一样的披肩领之外，还出现了大胆的祖胸样式，从西班牙的极端夸张的人工美造型恢复到那种胖乎乎的自然美的外形上来。虽然在荷兰风时代，拉夫领（Ruff）仍然在使用，但已经开始被大翻领拉巴（Rabat）逐渐取代（图 8-9）。领子分为缝合式和系带式，系带式是将领子用两条细带系在脖子上，让大领子披在肩上。人们在领子和袖口处大量使用蕾丝，这也是这个时期显著的特点。女性穿裙子都是穿两条或三条，分为里裙和外裙，面料轻薄，外出的时候会将外裙前面打开，故意露出里面的裙子。

图 8-11　法国风时代的男子　　图 8-12　17 世纪绘画中身穿 Justaucorpr 的人物形象及实物

（二）法国风时代（1650—1715 年）

17 世纪中叶，在波旁王朝专制下兴盛起来的法国取代了荷兰的地位，成为欧洲的商业中心。自路易十四开始，法国渐渐成为西方世界的中心。路易十四自称"太阳王"，喜欢用穷奢极欲来显示他的无上权威。受此氛围的影响，法国贵族阶层也沉迷于宫廷时尚和礼仪，无心政治纠葛和权术阴谋。

鸠斯特科尔（Justaucorpr）

法国风时代男装变化最明显，本来高腰线长衣摆的上衣波尔普万（Pourpoint）极度缩短，变成小立领，前开身，门襟上密密麻麻地缝缀着一排扣子，从右肩斜下的佩挂绶带表示身份（图 8-10）。1661年出现了以缎带的使用量来显示身份高低的风气。此时还流行一种裙裤形式的半截裤（图 8-11）。

17 世纪 60 年代以后，男装再次出现市民性的贵族服，即由鸠斯特科尔（Justaucorpr）、贝斯特（Veste）和克尤罗特（Culotte）组成的男子套装。17 世纪 60 至 70 年代，鸠斯特科尔（Justaucorpr）被用作男子服，它衣身宽松，分有袖和无袖两种。后来这种服装逐渐从背缝和两侧缝收腰，并在两侧收褶、后背缝中下处开衩。收褶是为了使下摆张开，开衩是为了骑马时方便。17 世纪 80 年代，鸠斯特科尔（Justaucorpr）的腰身更加合体，形成了 19 世纪中叶以前的男服基本造型（图 8-12）。其口袋位置很低，整个造型重心向下移。袖子宽度也是越靠近袖口越大，袖口上还有一对翻折上来的袖克夫。

图 8-10　17 世纪的 Justaucorpr

其无领，前门襟密密麻麻排列着一排扣子，还装饰有金缠子丝绸纽。金缠子主要用于前门襟边饰和那一排排的扣眼和扣襻装饰。鸠斯特科尔（Justaucorpr）用料有天鹅绒或织锦缎，再加上金银线刺绣，十分豪华。虽然有许多扣子，但着装时一般都不扣。

由于鸠斯特科尔（Justaucorpr）衣襟是敞开的，所以领饰显得格外重要。在朗幕拉布流行期间，就曾使用取对褐的蕾丝做的领饰——克拉巴特（Cravate），这被认为是现在的领带的直接始祖。

鸠斯特科尔（Justaucorpr）里面穿的是贝斯特（Veste）。贝斯特（Veste）早期是长袖短身，后来为了配合鸠斯特科尔（Justaucorpr），其衣身变长，收了腰身，前门襟也有了很多扣子。再之后，贝斯特（Veste）演化成无袖的背心，衣长逐渐变短，是现代西式背心的始祖。

苛尔·巴莱耐（Corps Baleine）

巴洛克时期，女服仍喜好纤腰凸臀，依然采用紧身衣形态，而裙撑则被淘汰。女服上半身盛行使用紧身胸衣苛尔·巴莱耐（Corps Baleine，图8-13）。它使得16世纪的上身细长造型重新流行。这一时期的紧身衣在腰部嵌入了许多鲸须，缝线从腰向胸呈放射状扇形张开。此时女服的领口开得很大，袖子变短，露出小臂，整个袖子呈灯笼型。领子和袖口上装饰花瓣状多层蕾丝（图8-14）。裙子至少要穿两条，外裙通常在腰围处有多褶，长度垂至地面。到了17世纪80年代，女服中出现臀垫，它使得女性臀部造型越来越膨大。在日常穿着时，上层社会女子一般把外裙卷起集中堆在后面，垂下来形成拖裙，衬裙显露出来，形成层层叠叠的美感。这是这种夸张后臀部的"巴斯尔"样式在西洋服装史上的第一次出现，直到18世纪至19世纪末，亦反复出现。

图8-13　巴洛克法国风时代的紧身胸衣

图8-14　巴洛克法国风时代的女装

二、洛可可

18世纪西欧各国自然科学日渐发达，哲学家从过去假设上帝存在进而推论所有事物的工作，转换为依据实验和观察的理性方法去推论世间的万象；工业日益发达，民主思潮高涨，加之产业革命的发展与法国大革命的爆发，这些客观形势的转变，对于当时艺术的发展有非常大的影响。

巴洛克艺术尽管有呆板的礼仪，有形式上的骄矜和夸张，但它毕竟是一个阳刚的时期。紧随其后的洛可可艺术，大约自路易十四逝世（1715年）时开始，风格更为讲究、矫饰、纤细和柔弱。"洛可可"一词源自法国词汇"Rocaille"，其意思是指岩状的装饰，基本是一种强调C字型的漩涡状花纹及反曲线的装饰风格。这种风格流行于路易十五时代，又称"路易十五样式"。洛可可时期的室内装饰和家具造型多用贝壳纹样曲线（Rocaille）和莨苕叶，采用C字型、S字型、涡旋状曲线纹饰，色调高明度低纯度，较巴洛克而言比较淡雅。

洛可可艺术风格表现在服饰上，是追求服装面料的质地柔软，花纹图案小巧，而且面料的色彩呈现明快淡雅和浓重柔和相并进的趋势。尽管一些欧洲国家屡次禁止印花棉布和丝绸的进口来保护本国纺织工业的发展，但因此而导致此类货物稀少，更助长了人们穿着的欲望，所以用印花棉布和丝绸做成的长袍、短衫一时成为最时髦的服装，为洛可可风格在服饰上的发展打下了坚实的基础。

进入18世纪的洛可可时期，巴洛克那种男性的力度被女性的纤细和优美所取代，在富丽堂皇的、甜美的波旁王朝贵族趣味中，窄衣文化在服饰的人工美方面达到了登峰造极的地步。洛可可女装放弃了西班牙钟式裙那种几何形状的严谨，保留了宽大的臀部和紧身的胸衣，有褶裥、荷叶边、随意的花边和隆起的衬裙，变得充满风情。穿着时在衬裙外面，套一条颜色不同的钟形的长裙，大多在前面打褶裥，身后拖着裙裾。如果说巴洛克风尚是男人的世界，洛可可则是以沙龙为舞台展开的女性优雅样式。女性们作为供男性观赏和追求的"艺术品"和"宠

图8-15　法国洛可可时期画家弗朗索瓦·布歇的作品

物"，这种氛围使女装对外表形式美的追求发展到了登峰造极的地步，服装的每一个细节都精致化，最有品味的女性穿着"既暴露又优雅"（图8-15）。

Tsarskoye Selo 地区亚历山大公园的中国村庄

洛可可时期身穿中式服装的
西方女性画像

《持象牙扇女士画像》英国女性

图 8-16　17 世纪末至 18 世纪末欧洲的中国风尚

图 8-17　《中国皇帝上朝》

图 8-18　《中国集市》

东方风格（Chinoiserie）

中国和西方各国早期通过丝绸之路进行丝绸贸易和文化交流。除了纺织材料本身，中国的花机和花本纺织技术，更是对欧洲影响甚重。与中国不同，古代西方织机因为使用竖机，而不能使用较多的综片，也不能利用脚踏控制经线的提升或间丝，织不出结构较为复杂的织物。直到六七世纪，西方才得到中国的花机和花本的构造方法，而改用中国式的水平织机，开始织出较复杂的提花织物。这种影响一直持续到法国雅卡尔提花机和现在世界各国通用的龙头机上。

17 世纪末至 18 世纪末正值清朝康乾盛世期间，中国成了欧洲人梦想中的乐土，出于好奇心理，中国纺织品、工艺品风靡欧洲——东方的富丽色彩、奢华设计、园林格调，迷倒了不少凡尔赛宫的贵族。那时，景德镇陶瓷受到欧洲众多王侯的珍爱，被视为"东方的魔玻璃"，成为上流社会显示财富的奢侈品。举行中国式宴会、观看中国皮影戏、养中国金鱼等也都成为高雅品位的象征（图 8-16）。

17 世纪后半叶至 18 世纪初期，欧亚大陆东端的中国与西端的法国，各自引领着东方与西方文化与艺术发展的风潮。此时中国的君主是康熙皇帝，法国的君主是太阳王路易十四。当时分居两地的君王经由法国耶稣会士架起的无形桥梁，有了间接的接触。透过传教士们的推介，路易十四对康熙皇帝有了比较清晰的认识，法国朝野人士也兴起对中国文化与艺术的好奇与模仿。在传教士的讲授下，康熙皇帝认识了西方的科学、艺术与文化，并推而广之，使得当时清朝臣民中不乏潜心西学之士。

自新航路开辟后，欧洲和中国都极为活跃。从 1580 年到 1590 年，中国每年运往印度的丝货约为 3000 担（150 吨），1636 年达到约 6000 担（300 吨），到了 18 世纪三四十年代，欧洲每年的丝绸进口量多达 75000 余匹。在利益驱动下，许多本土欧洲丝绸商也开始在丝绸上绘制龙、凤、花鸟等中国传统图案，并注明"中国制造"，假冒中国原装进口。为了更好地进行仿造，欧洲丝织厂的丝绸画师甚至

图 8-19　表现洛可可时期西方室内人物生活的场面　　　图 8-20　中式风格室内布局

图 8-21　洛可可时期的中式瓷器

人手一本《中国图谱》。连路易十四在凡尔赛宫举行盛大舞会，也曾身穿中国服，坐一顶八人大轿出场。西方设计师们从东方的花朵、竹子、孔雀、窗子格等图案上寻找灵感，甚至创造出"Chinoiserie"这个词，用来形容当时流行的艺术风格——中国风。欧洲的中国风尚在 18 世纪中叶时达到顶峰，直到 19 世纪以后才逐渐消退。

布歇绘制的《中国皇帝上朝》（图 8-17）和《中国集市》（图 8-18）画面上出现了大量写实的中国人物和青花瓷、花篮、团扇、伞等中国物品。贵族们争相收购这些画，买不到的，便把那些以这几幅画为蓝本，用毛和丝编织的挂毯抢购一空。布歇并没有来过中国，画中的形象有的是合乎事实的，有的则纯粹出自他的臆想。当时东印度公司和中国有频繁的商务活动，该公司把丰富的商品从东方带到了欧洲，布歇在巴黎可以轻易买到中国的物品，

凭想象组合成一幅幅符合东方情调的画面。此后，又有许多到过中国的传教士画了一些关于中国的图画。把布歇的中国组画放到整个 18 世纪欧洲社会痴迷于"中国风"的大背景中去考察，布歇的作品也就不足为怪了。

这个时期的一个标志是 18 世纪初欧洲瓷器使用的普及。原先，人们一直是用笨重的银制餐具饮食，用大块的石头创作巨大的雕塑，而到了洛可可时期则是用易碎的瓷器来做餐具和小巧玲珑的瓷塑像（图 8-19）。它的形成过程受到中国庭院设计、室内装饰（图 8-20）、丝织品、服饰、瓷器（图 8-21）、漆器等艺术的影响，又称"法国—中国式样"。因此也有人称洛可可风格为"中国装饰"。随着数码印花技术的日渐成熟，青花瓷元素逐渐摆脱繁复的刺绣工艺的制约，其制作成本也大大下降，渐渐展现出其亲民的一面。

华托式罗布（Watteau Robe）

洛可可风格在绘画方面最突出的代表画家是华托、布歇、弗拉戈纳尔和夏尔丹等人。从时间段来讲，华托是奥尔良公爵摄政时期的画家，布歇是路易十五与蓬帕杜夫人时期，即洛可可顶峰时期的画家。

让·安东尼·华托（Jean-Antoine Watteau，1684—1721年）的绘画作品大多色调轻柔、形象妩媚，带有一种贵族阶层清高、典雅、朦胧的意境。在华托的作品中经常描绘这种领口开得很大，在背部有箱形褶的宽松袋状裙（图8-22），所以这种裙子又被称为华托式罗布（Watteau Robe，图8-23）或华托式袍（Watteau Gown），也有人将其称为麻袋背（Sack Back）。

由于这种优雅的样式主要为路易王朝宫廷及其周围的贵夫人穿用，特别是路易十五的情妇蓬帕杜侯爵夫人喜欢穿用，所以也称作法国式罗布（Robe à la francaise）。

图8-22　华托绘画作品中表现的 Watteau Robe 式样

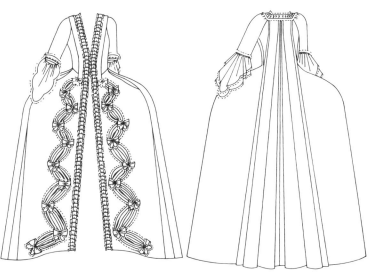

洛可可时期的 Watteau Robe 实物与结构图

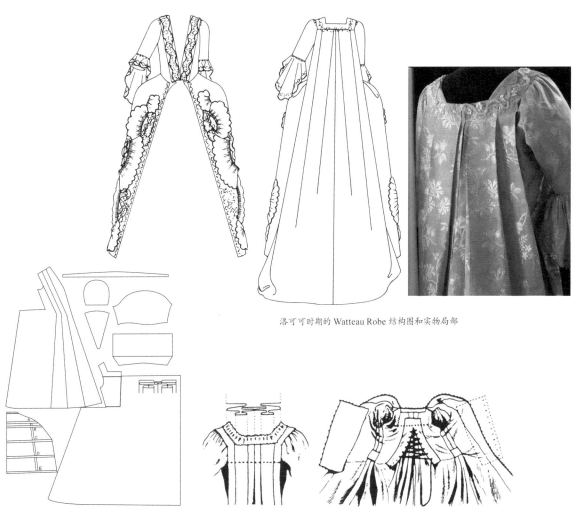

洛可可时期的 Watteau Robe 结构图和实物局部

洛可可时期的 Watteau Robe 剪裁结构图

图 8-23　洛可可时期的 Watteau Robe 绘画作品和实物

布歇

华托死后，弗朗索瓦·布歇（Francois Boucher，1703—1770 年，图 8-24）成为另一位洛可可风格的绘画大师。他曾任法国美术院院长、皇家首席画师。他创作的作品最能体现洛可可的浪漫和轻松的特点。在他的代表作《蓬帕杜夫人》中，布歇把洛可可风格发挥到了极致，无论从作品的风格，还是从作品中蓬帕杜夫人这个人物着装上，都显现出奢丽纤秀、华贵妩媚的贵族气息和风貌。

花卉

洛可可服装的显著特点是柔媚细腻、纤弱柔和。其色彩常用白色、金色、粉红、粉绿、淡黄等娇嫩的颜色。自然形态在服饰上的体现就是以大量自然花卉为主题的染织面料。花朵在洛可可服饰上的运用除了表现在面料的图案上，还表现在大量运用天然或人造花朵对服装进行装饰。人们常把洛可可风格的女装比喻成"盛大的花篮"，在这个花篮里除了鲜花、蕾丝，还有蝴蝶结和缎带，使洛可可装饰艺术充满了女性惬意的轻松感，处处体现着新兴资产阶级上升阶段强调满足自身感官愉悦的审美趣味（图 8-25）。荷叶边和褶边所形成的波浪形边缘轮廓线以及锯齿凸凹的外观效果，使衣边不再平直单调，而是层次起伏、轻盈飘逸，极具女性特征。

图 8-24　Francois Boucher

图 8-25　洛可可女装中大量装饰鲜花

荷叶边皱褶袖

洛可可服装在装饰上也极其纤弱柔和，多处使用彩绘和金线、蕾丝、穗子等装饰。在室内装饰风格的影响下，法国式罗布（Robe à la francaise）衣袖比早期更加合身，袖口制作更是不同寻常，精细而复杂，并且带有边饰。褶边这种装饰常用于衣身边饰或者一些特殊的部位，比如前胸、裙边等。在华托式罗布（Watteau Robe）中带翼的袖口被细丝褶边所取代。这种褶边通常是两层，上面镶有穗子、金属饰边和五彩的蕾丝。袖子下边露出内衣袖口的双层或三层褶边。褶边由细到宽，边缘装饰有蕾丝，这就是当时最迷人的"荷叶边皱褶袖"的经典造型。荷叶边是指将条形的面料一侧抽缩或捏褶，另一侧形成凹凸有致的波形边饰，宽窄根据具体装饰部位的需要而有所不同。荷叶边这种装饰在洛可可服饰中常用在裙服的袖口、罩裙前开缝的边缘以及内裙的底摆。荷叶边和褶边所形成的波浪形边缘轮廓线以及锯齿状凸凹的外观效果，使衣边不再平直单调，而是层次起伏、轻盈飘逸，极具女性特征（图8-26）。

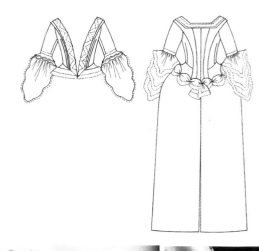

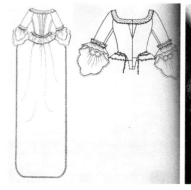

图8-26 洛可可服装结构图和袖口局部

蓬帕杜夫人与蓬帕杜裙

洛可可艺术风格的倡导者是蓬帕杜夫人（1721—1764年，Marquise de Pompadour）。她出生于巴黎的一个金融投机商家庭，后成为路易十五的情人，接着成为国王的私人秘书，路易十五封她为蓬帕杜侯爵夫人（图8-27）。她是一位引起争议的历史人物，不仅是一位拥有铁腕的女强人，参与军事、外交事务，还以文化"保护人"身份，影响到路易十五的统治和法国的艺术。在蓬帕杜夫人的倡导下，产生了洛可可艺术风格，使17世纪有盛世气象的雕刻风格，被18世纪这位贵妇纤纤细手摩挲得分外柔美媚人。布歇在作品中把蓬帕杜夫人当作花来描绘，她年轻美貌，身着华丽盛装，斜坐在幔帐和花丛前，体态娇弱，正是印证了洛可可宫廷艺术追求的那种"优雅、美丽、柔和、娇媚、享乐"的效果。蓬帕杜夫人服饰的每一个部分都成为那个时代贵妇们竞相追逐的时尚目标。再加上她凭借特殊的身份，掌控着以宫廷画家布歇为首的御用画家并为她服务，因此洛可可画派为其首创了莲巴杜领——宽底型领口。这种领口经久不衰，打破了原有宫廷女装中宽和折中的弯曲式领口，她的服饰发型华美富丽，局部装饰及整体搭配生动活泼又不失优雅庄重，风格飘逸秀丽，被当时的人们尊崇为法国时装的象征。

在当时，法国式罗布（Robe à la francaise）也被称为"蓬帕杜裙"。Pompadour taffeta 的原名是 chiné à la branche，是一种对纱线进行预染色再编织从而得到图案的丝绸（chiné 是指"中国"，说明这种丝绸最早来自东方）。由于蓬帕杜夫人经常穿这种丝绸，加之蓬帕杜夫人的时尚影响力，这种丝绸渐渐被叫做 Pompadour taffeta。后来才有人进一步将蓬帕杜夫人所穿的法式罗布称为蓬帕杜裙。

图8-27　蓬帕杜夫人画像及蓬帕杜裙

图 8-28 洛可可时期身穿 Pannier 裙装的人物像

图 8-29 洛可可时期的 Pannier

裙撑：帕尼艾（Pannier）

在路易十五时代，一百多年前的裙撑又一次出现。初期裙撑帕尼艾（Pannier）为钟形，后来帕尼艾（Pannier）越变越大，逐渐变成前后扁平、左右加宽的椭圆形。

帕尼艾（Pannier）外层面积的增大给表层的装饰创造了更多的机会。前部敞开的罩裙以及裙子层次繁多是西方近代女装的重点。外裙下通常有内裙、衬裙和底裙。层层叠叠的裙子以它细腻精致、变化丰富的装饰形成层叠的视觉效果，成为18世纪人们追求矫饰和享乐的象征（图8-28、图8-29）。

这种立体饰褶、服装面料的缝缀再造增加了服装在视觉上的浮雕感、立体感。再加上帕尼艾（Pannier）上面装饰了各种褶皱、蕾丝、缎带、蝴蝶结、鲜花，被人称作"行走的花园"。

由于帕尼艾（Pannier）两侧加宽，因此带来了许多麻烦。当时的贵族女性出入房门和上下马车时很不方便，在路上行走也会影响交通。

1780年，出现臀垫巴斯尔样式并取代裙撑，而后臀部又一次膨胀起来，这种前腹稍平、后臀翘起的裙型称为巴斯尔样式。

波兰式罗布（Robe à la polonaise）

路易十六时代是洛可可风结束、新古典主义服饰样式兴起的转换期。18世纪意大利那不勒斯两大古城的发掘，引起人们对古代文化的关注。人们开始从洛可可"优美轻薄"向"朴素、高尚、平静而伟大"的古典文化转移，此倾向被称为新古典主义。

1776年，受波兰服装影响，开始出现波兰式罗布（Robe à la polonaise，图8–30），裙子后侧像幕布或窗帘似的向上提起，为了把裙子束起，罗布的后腰内侧装着两条细绳，在表面同样的地方装饰着扣子或缎带，细绳从里面垂落，经裙摆向上把裙子捆束起来，绳端挂在或系在表面的扣子或缎带上，还有的在内侧裙摆处装上带环，绳穿过此环向上把裙子提起来后系上。裙子长度至脚踝，可以展示美丽精致的鞋子。整体也更加轻巧，便于跳舞和在花园里散步。讨厌繁文缛节，不喜束缚的玛丽王后也尤为钟爱这种裙装。

图8–30　Robe à la polonaise

图8–31　托马斯·庚斯博罗《安德鲁夫妇》

英国式罗布（Robe）

此时，英国式罗布（Robe）去掉了巨大的裙撑帕尼艾（Pannier），前后的腰线都向下突出，靠褶裥将裙子撑开，通过自腰线接缝处的许多碎褶形成裙身的体积感（图8–31）。其外观效果更加简洁、质朴，体现出英国的自然主义倾向。

洛可可末期，法式女袍和英式女袍都受"波兰式"女裙影响，将后摆提起堆叠在臀后来展现雍容华贵之感，并发展成多种样式，其中包括当时流行的切尔卡西亚式罗布（Robe à la circassienne）。

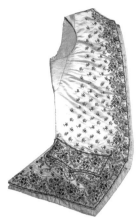

图 8-34　18 世纪的男装

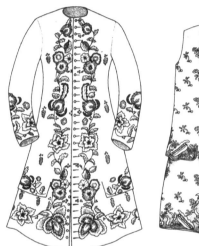

图 8-32　18 世纪的 Habit à la francaise 和 Veste

图 8-33　朴素的 Habit à la francaise

阿比（Habit à la francaise）

1760 年后，男性外套逐渐使用直线条，常伴随前短后长的设计，外套出现领子，袖子变得贴合手臂，背心长度变短，使用无袖及翻领。

鸠斯特科尔（Justaucorpr）改称阿比（Habit à la francaise），收腰，下摆向外张，呈波浪状，臀部外张（图 8-32）。为了使臀部外张，在衣摆里面加进马尾衬和硬麻布或鲸须。前门襟有一排以宝石等昂贵材质做成的扣子。

1715 年后，阿比（Habit à la francaise）大量使用浅色的缎子，门襟上的金缠子（扣子）装饰也省略了。由于阿比（Habit à la francaise）变得朴素，穿在里面的贝斯特（Veste）装饰得豪华起来，用料有织锦、丝绸及毛织物，上面有金线或金缠子的刺绣，衣长一般比阿比（Habit à la francaise）短两英寸（约 5 厘米，图 8-33）。下半身克尤罗特（Culotte）采用斜丝裁剪，做得十分紧身，不用系腰带，也不用吊裤带（图 8-34）。克尤罗特（Culotte）多用亮色的缎子，长度仍到膝部稍下一点，裤口用三四粒扣子固定。

18 世纪中叶，英国进入产业革命，男装也开始了新变革。男上衣去掉多余的量，衣摆不那么向外扩张，放松紧束的腰身，这种上衣称为夫若克（Frock）。其最大特点是门襟自腰围线起斜着向后下方剪裁。男士的鞋子上饰有"缎带""蔷薇花"造型并且男子普遍穿高跟鞋。高跟鞋最早起源于意大利，后来传到欧洲其他地方。

三、新古典主义时代（1789—1825 年）

从女服样式变迁而言，研究者一般把 19 世纪女装（图 8-35～图 8-38）分为以下 5 个时期：新古典主义时期、浪漫主义时期、克里诺林时期、巴斯尔时期、S 型时期。因此，19 世纪也被称为"样式模仿的世纪"。20 世纪 20 年代出现了霍布尔裙式样。

新古典主义兴起是以 1748 年庞贝城的发掘为契机，德国学者温克尔曼美学思想的传播引起了人们对古典主义的兴趣。法国统治阶级梦想恢复古希腊、古罗马帝国时代宏伟自然的艺术典范风格。与此同时，1789 年法国大革命前夕，资产阶级为取得革命的胜利，在意识形态领域高举反封建反宗教神权、争取人类理想胜利的旗帜，号召和组织人民大众为资产阶级革命而献身。

为取得这一革命斗争的彻底胜利，需要为人们注入为革命献身的勇气。古希腊、古罗马的英雄成了资产阶级所推崇的偶像，资产阶级革命家利用这些古代英雄号召人民大众为真理而献身。就在这样的历史环境下，产生了借用古代艺术形式和古代英雄主义题材打造资产阶级革命舆论的新古典主义。法国大革命从政治上摧毁了路易王朝的封建专制制度，革命后的法国人民在思想上接受了这种新古典主义思潮，形成了与洛可可时代截然不同的服装样式。

以自由、平等为口号的法国大革命的风暴，一夜之间改变了文艺复兴以来三百年间形成的贵族生活方式，一扫路易宫廷登峰造极的奢华风气和贵族特权，摒弃了繁复的人工装饰。革命后的男女装最显著的变化即简朴志向和古典风尚，人们以健康、自然的古希腊服装为典范，追求古典的、自然的人类纯粹形态。当时服装的色和形，成了区分赞成革命的市民派和反革命的王党派的标志。

追求古典、自然、纯粹形态的"帝政风格"秉承于传统的古希腊美学，服装结构均匀、比例优美，没有特别强调突出的身体部位，整体呈收腰的圆柱形，重视优雅的气质。

克里诺林金字塔箍裙　　巴斯尔样式　　S 型式样　　霍布尔裙式样

图 8-35　新古典主义时代西方女装形态变化

图 8-36　庞贝古城遗址发掘的壁画

图 8-37　庞贝古城遗址

图 8-38　法国大革命绘画作品

修米兹（Chemise）

新古典主义时代的女装借鉴古希腊服装的特点，流行一种乳白色或浅黄色细棉布材质的，简练朴素的，领口有褶边的，方形或鸡心形袒胸的衬裙式修米兹（Chemise）连衣裙（图8–39）。其造型特点是把腰线提高到乳房底下，用拉绳或腰带控制松紧，有很短的泡泡袖，将手臂裸露出来（图8–40）。裙摆很长，柔和、优美的垂褶自高腰身处一直垂到地上。而且这种长裙越来越长，以至女士们行走时不得不用手提着裙子。这种优雅的姿态也成为流行时尚。其造型像古希腊长裙中低领、短袖、高腰的女装款式。

图 8–39　新古典主义时代的 Chemise 连衣裙

图 8–40　新古典主义时代的衬裙式连衣裙

图 8–41　新古典主义时代流行的披肩

肖尔（Shawl）

为了御寒，此时流行一种用开士米、薄毛织物、白色丝绸或薄地织金锦制成的披肩肖尔（Shawl，图8–41）。它颜色鲜艳，围巾四角镶有细边和横贯围巾的长饰边，上面装饰着刺绣纹样。它的流行一方面与当时兴起的新古典主义风潮的审美有关——"随意披挂、垂坠的披肩与古希腊、罗马雕塑中的衣褶相似，加强了古典主义的美感"，另一方面也代表了一种对东方的幻想。

斯潘塞（Spencer）

轻薄的衣装使很多女士都着凉感冒，为了御寒，女子装束中流行在希腊式连衣裙外加穿短夹克。与袒胸衬裙式修米兹（Chemise）连衣裙相搭配的服装是一种来自男服，叫作斯潘塞（Spencer）的短外套（图8-42）。它类似西班牙斗牛士穿的短夹克，衣长仅达腰部，长袖，一般选用上等的天鹅绒、山羊绒、麻或棉来制作。此外，还有一种剪裁合体、有罩领的英国式骑马装外衣也是天气寒冷时的外衣。这种外衣门襟排列着一排扣子，装饰有金缠子丝绸纽（图8-43）。

图8-42　新古典主义时代的　　图8-43　英国式骑马装外衣　　图8-44　帝政时期有Empire Puff的女裙实物和画像
　　　　Spencer短外套

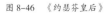

图8-45　帝政时期分段扎成数个泡泡状的袖子　　　　　　　　图8-46　《约瑟芬皇后》

短帕夫袖（Puff）

到了帝政时期，修米兹（Chemise）流行白兰瓜形的短帕夫袖（Puff，图8-44），也称帝政帕夫袖（Empire Puff），还有一种叫作玛姆留克（Mameluk）的袖子，是用细缎带把宽松的长袖分段扎成数个泡泡状的袖子（图8-45）。短帕夫袖（Puff）主要用作仪礼服、宫廷宴会服；玛姆留克（Mameluk）长袖则主要用于外出服或家庭内穿的便服。

另外，当时流行两种颜色的裙子重叠穿用。外面的长罩裙会自腰围以下展开，露出里面修米兹（Chemise）的颜色（图8-46）。

四、浪漫主义时代（1825—1850 年）

浪漫主义是开始于 18 世纪的西欧的艺术、文学及文化运动，发生于 1790 年工业革命开始的前后。为了强调女性特征和教养，社交界的女士们经常随身带着药瓶，手里拿着手帕斯文地擦拭眼泪或文雅地遮在嘴上，故作纤弱、婀娜的娇态，好像久病未愈，弱不禁风。

浪漫主义时代的女装强调腰身与夸张裙摆。从 1822 年前后开始，女装腰线逐渐自高腰身位置下降，一直到 1830 年降到自然位置，腰又被紧身胸衣勒细，袖根部极度膨大化，裙摆向外扩张，裙子变为 X 型。1825 年，裙摆变大，逐渐发展成吊钟状，1830 年后，裙子的体积越发增大，衬裙数量达五六条之多。19 世纪 40 年代初，还产生了用马鬃编成的钟形裙撑。

为了使腰显得细，女装肩部不断向横宽方向扩张，袖根部被极度夸张，甚至在袖根部使用了鲸须、金属丝做撑垫或用羽毛做填充物。低领的衣服多采用帕夫短袖（Puff，图 8-47），高领的衣服多采用羊腿袖（图 8-48）。这一时期的领子有两种极端形态：一种是高领口，上常有精饰，有时还采用 16 世纪的拉夫领（Ruff），也有像荷兰风时代的大披肩领一样重叠几层的有蕾丝边饰的披肩领（图 8-49）；另一种是大胆的低领口，低领口上常加有很大的翻领或重叠数层的飞边、蕾丝边饰（图 8-50）。1830 年，还流行女子穿骑马服（图 8-51）。

在 19 世纪 20 年代，浓丽的色彩与繁杂的装饰爱好再度展现在服装风尚里，华丽帽子上装饰着羽毛和蕾丝（图 8-52）。社会上弥漫着乡愁的思绪，使得昔日传统富丽的装饰手法重现于扇子上（图 8-53），以迎合此时维多利亚时代的繁华品味。

图 8-47　19 世纪 20 年代的 Puff

图 8-48　19 世纪 40 年代的羊腿袖

图 8-49　Ruff 和大披肩领

图 8-50　常加有很大的翻领或重叠数层的飞边、蕾丝边饰的低领口

图 8-51　19 世纪 30 年代的女子骑马服

图 8-52　浪漫主义时代的女性帽子

图 8-53　浪漫主义时代的女性扇子

五、克里诺林时代（1850—1870 年）

拿破仑三世执政的第二帝政时期，一方面复辟第一帝政的风习，一方面推崇路易十六时代的华丽样式的风格特征。理想的上流女子是纤弱并带点伤愁，面色白皙，小巧玲珑，文雅可爱，供男性欣赏的"洋娃娃"，这使女装再次回到洛可可趣味，故被称为"新洛可可时期"，又因女装上大量使用裙撑克里诺林（Crinoline），又称作克里诺林时代（图8-54）。

19 世纪 50 年代，紧身胸衣仍是不可缺少的整形用具，用来强调腰肢的纤细。同时，撑箍衬裙克里诺林（Crinoline）再度流行起来。最初的克里诺林（Crinoline）是用藤条或鲸骨制成的，裙撑支在平纹布衬裙的罩中。后来美国裙撑被普遍接受，这种裙撑由钟表发条钢外缠胶皮制成。撑箍裙衬在轻便的同时，也使女性的腰部更为苗条。撑箍裙庞大的体积常常使穿着者生活不便，即使是宽敞的舞厅和客厅也很容易变得拥挤不堪。当时欧洲关于克里诺林（Crinoline）裙撑的讽刺漫画有很多精彩的表现（图 8-55）。

此时，女装的领子延续上个时代的高领口和低领口，高领口女装上有绣了花纹的领子，一般是前开襟，有一排或两排扣子。在女装上使用扣子来固定衣服就是从这个时代开始的（图 8-56）。低领口一般为四角形或 V 型的大开领，领口装饰着蕾丝。

由于裙撑的再次复活，罩在外面大裙子上的装饰也越来越多。19 世纪 50 年代，裙子表面横向布满了一段一段的襞褶装饰，通常分三段、四段、五段、七段不等（图 8-57）。极端者，如用奥甘迪（Organdie，蝉翼纱）做的裙子上有 25 段襞褶。在襞褶的设计上，有斯卡拉普（Scallops，海扇形缘饰）、流苏、缎带等装饰。这些装饰的色彩多采用裙子的对比色，十分鲜艳夺目。19 世纪 60 年代末，外出服出现了用四五个隐蔽的带子把外侧的罩裙卷起，露出里面衬裙的波兰风样式，这种样式只流行了两三年即转向后部突起的巴斯尔样式。

图 8-54　Crinoline 裙撑

图 8-55　克里诺林时代讽刺大裙撑的漫画

图 8-56　克里诺林时代使用扣子的女装

图 8-57　克里诺林时代女裙装饰的分段襞褶

六、巴斯尔时代（1870—1890 年）

1871 年，巴黎公社成立，时装界一度消沉，沃斯（Worth）的高级时装店关闭，裙撑被合体的连衣裙式的普林塞斯裙（Princess dress）取代。

巴斯尔裙

17 世纪末、18 世纪末出现过两次的臀垫巴斯尔（Bustle）又一次复活。因此，服饰史学家把 19 世纪 70 年代到 80 年代，将女性长裙裙身后曳部分堆放在后臀部的时期称为巴斯尔时代（图 8-58）。巴斯尔时代的女装，除凸臀的外形特征外，另一个特色即拖裙。与后凸的臀部相呼应，这时女装在前面用紧身胸衣把胸高高托起，把腹部压平，强调"前挺后翘"的外形特征。这种极端的外形到 19 世纪 90 年代变为优美的 S 型。一般白天的领子为高领，夜间多为袒露的低领口。强调衣服表面的装饰效果是巴斯尔样式的又一大特征。因为女装上大量使用室内装饰手法，如窗帘的悬垂襞褶，床罩、沙发罩缘饰上所用的普利兹褶或活褶、荷叶边、流苏等，所以有人称其为"室内装饰业者"（图 8-59、图 8-60）。

1879 年夜礼服　　　　　　1870—1880 年小姐服　　　　　　1891 年舞会服

图 8-58　巴斯尔时代的女装式样

图 8-59　巴斯尔样式的女性着装

图 8-60　巴斯尔样式的帽子

图 8-61　巴斯尔样式裙撑

巴斯尔臀垫

巴斯尔（Bustle）是以撑起女性臀部来改变女子形态的一种服装表现手法。巴斯尔服饰为了让臀部隆起而使用臀垫，此时的欧洲女性臀部服饰的夸张造型达到了历史顶峰。巴斯尔裙的显著特点是撑架上蒙着马尾衬布（图 8-61），外侧的罩裙流行拖裾形式。

臀垫早在 17 世纪末就已出现，但历来有不同的造型。17 世纪末流行的臀垫叫巴黎臀垫，用马毛做成半月形。18 世纪末流行的臀垫叫托尔纽尔。19 世纪 30 年代以后开始使用巴斯尔（Bustle）这一叫法。这是一种身体后臀及以下部分的非强制性的衬裙式裙撑。巴斯尔（Bustle）在结构上采用马尾衬料等制成有弹性的叠层或利用松紧带连接细铁丝制成弹

图 8-62　巴斯尔样式的臀垫

簧状，直接用细铁丝编成有弹性又有柔韧性的网状裙撑，使臀垫设计具有很强的科学性（图 8-62）。穿着时巴斯尔（Bustle）裙撑会从前腹部套穿在身上。

图 8-63　19 世纪末女性广泛参与体育运动

图 8-64　S 型时代女性裙装

七、S 型时代（1890—1914 年）

从 1890 年起，巴斯尔（Bustle）从女装上消失，西方女装进入了 S 型时代。西方女装的紧身胸衣在前面把胸高高托起，压平腹部，勒细腰，在后面紧贴背部，把丰满的臀部自然地表现出来，从腰向下摆，裙子像小号似的自然张开，形成喇叭状波浪裙。从侧面观察时，人体挺胸收腹翘臀，宛如"S"型。服装史上将这一时期称为"S 型时代"（图 8-63、图 8-64）。在美国，因画家基布逊（Charles Duna Gilbson，1867—1944 年）喜画这种样式，故也称作基布逊外形（Gilbson girl silhouette）。该式样与新艺术运动所提倡的曲线造型一致。S 型时代的女装处在西方传统服装风格接近尾声，现代化女装时代即将来临的交汇点。

1906 年，巴黎时装设计大师保罗·波烈（Paul Poiret）推出高腰身的希腊风格女装，把数百年来束缚女体的紧身胸衣从女装上去掉，从此奠定了 20 世纪的流行基调，预示着腰身不再是女性魅力的唯一存在，这在服装史上是具有划时代意义的。1907 年，西方服装的 S 型设计逐渐趋缓，女装长度逐渐缩短，腰围放松，臀围收缩。S 型流行了 20 年左右，1908 年左右开始，女装向放松腰身的直线型转化，裙子也开始离开地面，露出鞋。S 型女装式样逐渐退出了历史舞台。

S 型女装顺应人体曲线造型，把服装设计的核心放到强调女性自身的优美体态上，是新艺术运动试图放弃传统装饰风格的参照，转向采用自然，如以植物、动物为中心的装饰风格的间接反映。新艺术运动最典型的纹样都是从自然草木中抽象出来的，多是流动的形态和蜿蜒交织的线条，充满了内在活力。而 S 型女装正是以人体的曲线美为强调重点，这是西方传统服装向现代服装转折的关键因素。

八、近代男装

从 1789 年法国大革命到 1914 年第一次世界大战爆发，这一个多世纪是西洋服装史的近代时期。这个时期的西方社会，无论是政治、经济还是各种文化现象都发生了激烈的变化（图 8-65）。随着法国君主制度的崩溃，特别是封建身份制度的崩溃，使贵族男性们从宫廷舞会炫耀财富、沙龙里向女性献殷勤的事务中抽身，转向从事近代工业及商业等领域的务实性社会活动。男性们开始抛弃那些夸张且装饰过剩的服装，开始转向追求服装的品味性、合理性、活动性和机能性。可以说，与女装相比，男装首先迈入了走向现代服装的变革之路。

虽然法国大革命吹响了新时代号角，但是兴起于 18 世纪中叶的英国产业革命将男士服装的领导地位从法国转移到英国。机械的工业化大生产改变了资本主义经济和社会结构。各种科学文明的发达改变着人们的生活方式和生活意识。

代表庶民阶级的雅各宾派革命者在上衣里面穿双排扣的背心，下身穿长裤，头戴红色无檐帽。服装面料也由华美的丝织物变成朴素的毛织物。前襟自腰节开始向后斜着裁下去的夫若克（Frock），逐渐在男装中间普及。过去曾遭受鄙视的黑色，成为礼仪和公共场合的正式服色，具有新的权威。

从路易十八到查理十世的统治期间，法国上流社会的绅士们的生活充满了注重典雅和严谨的贵族风格。受同期浪漫主义女装的影响，男装也时兴收细腰身，耸起肩部（图 8-66）。男装的基本构成仍是夫若克（Frock）、长裤（Pantalon）和基莱（Gilet）的组合，夫若克（Frock）驳头翻折止于腰节处，前襟敞开不系扣，露出里面的基莱（Gilet），后面的燕尾有时长及膝窝，有时短缩至膝部稍上，肩、胸向外扩张，垫肩使肩部显得很宽，袖山处也膨鼓起来。与此相对，夫若克（Frock）强调细细的腰身，长裤也很细长，整体廓型呈倒三角形。男子外套鲁丹郭特（Redinggote）也同样是细腰身、下摆量加大的外扩型，旅行用大衣常装饰着披肩式短斗篷。

图 8-65　《自由引导人民》

图 8-66　浪漫主义时期强调细腰的男装

拉翁基茄克（Lounge Jacket）

19世纪40年代中期的浪漫主义时期，干练的资产阶级实业家的装束成为流行风尚（图8-67）。男装流行黑色和茶色。夫若克（Frock）的高领已变成像现在的西服领一样的翻驳领，长裤有宽腿裤和锥形裤两种。1848年法国二月革命后，出现了今天西服上衣的前身——拉翁基茄克（Lounge Jacket，图8-68）。有燕尾的夫若克（Frock）被作为礼服使用。

男装的基本样式仍是上衣、基莱（Gilet）和长裤（Pantalon）的组合。上衣有四种：白天的常服（Frock Coat），夜间正式礼服（Tail Coat 燕尾服，也称作 Swallow Tailed Coat 或 Evening Dress Coat），白天穿的晨礼服（Morning Coat），外出便装拉翁基茄克（Lounge Jacket，意为休闲茄克）。领子是有领座的翻领、袖口有硬浆的袖克夫的现代型衬衣和领带开始登场。

这时出现一种叫作"Inverness Cape"的有披肩的长袖大衣并作为男用夜间外套，腰部常系腰带。一般白天外出用大衣均无披风，一种带兜帽的大衣（Burnous）在男女中间流行（图8-69）。19世纪50年代出现了一种叫作"Raglan Coat"的插肩袖大衣。正式场合的帽子仍是大礼帽，平常则是毡帽、草帽或瓜形帽。

一直到第二次世界大战前为止，工人阶级和其他阶级在衣服上都有明显差别，但上层男装在式样上并无差别，只是面料和加工的精细程度不同而已。可以说这是在资本主义制度下，服装摆脱封建等级的束缚，向民主化方向迈进的一种进步（图8-70）。而且这时男装（包括女装）开始分化出市井服（逛街服）、运动服和社交服等适合不同场合穿用的不同品种。

图8-67　浪漫主义时期干练的资产阶级实业家的男子装束

图8-68　1848年二月革命时期的男装

图8-69　19世纪50年代的男子外出和室内服装

图8-70　身着户外服的Albet王子像

第九章　近代服装

变革先驱

兴起于 18 世纪后半叶的英国产业革命、18 世纪末的法国资产阶级大革命，加速了西方封建主义身份制度的崩溃，先前繁琐的服饰礼仪也随之消亡解体。现代男装服饰与当代民主社会人人平等的政治体制相适应，突破阶级局限，适用于所有人群。那些显示性别和物质炫耀的服饰式样被全部抛弃了，西方男装趋于简练而具力度：宽平的肩，直线条腰身，方方正正的造型，把现代男性的力量感、效率感展现得淋漓尽致。

乔治·波·布鲁梅尔（Georse Brummell）

19 世纪西方现代时尚的开拓者乔治·波·布鲁梅尔（Georse Brummell）曾提出，优雅的绅士应该通过服饰细节将自己与出身低的人们区别开来（图 9-1）。他的服装包括一件后摆过膝，翻领及耳，在腰上扣紧的外套，以及白色亚麻衬衣、蓝色马甲、打褶的领巾和塞进黑靴的长裤。这套精心安排的服装显得简洁而含蓄。乔治·波·布鲁梅尔（Georse Brummell）主张，绅士们不应再戴爵位缎带及勋章来表明其贵族的家系，反之，他们应穿戴普通的服装。这些服装应由伦敦萨维尔街（Savile Row）经验最丰富、最好的裁缝、剪裁师、样板师、制领师、内衬师、制裤师、制袋师、缝纫师及缉边师制成。

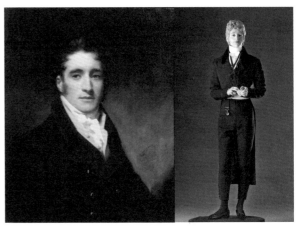

图 9-1　19 世纪西方现代时尚的开拓者 Georse Brummell

布卢默夫人（Mrs Amelia Jenks Bloomer）

布卢默夫人（Mrs Amelia Jenks Bloomer）是 19 世纪美国著名的妇女解放运动的先驱（图 9-1）。1850 年，她设计了一套宽松式上衣和灯笼裤，上衣是小碎花纹棉布制成的衣长及膝的小圆领长外套，裤子是裤筒宽大、脚口束紧的灯笼裤（图 9-2）。她本人首次穿着灯笼裤出行、游学欧洲时受到英国妇女的喜爱，一度成为流行装。19 世纪末，布卢默夫人（Mrs Amelia Jenks Bloomer）还设计了一套自行车运动服（图 9-3）。

图 9-2　Mrs Amelia Jenks Bloomer 设计的宽松上衣和灯笼裤

图 9-3　Mrs Amelia Jenks Bloomer 设计的自行车运动服

晨礼服

晨礼服是男士白天在正式社交场合穿用的大礼服，被称为日间第一礼服，又称为英国绅士礼服，是礼服中最为正式的一类（图9-4）。

晨礼服与晚间第一礼服燕尾服属不同时间穿着的同一级别的礼服，于1898年开始盛行。第一次世界大战之后晨礼服升级为日间正式礼服，取代了弗瑞克礼服。1929年世界经济大萧条，弗瑞克外套退出，晨礼服成为名副其实的日间正式礼服，并沿用至今。

晨礼服款式是一粒扣、戗驳领、大圆摆，配黑灰条相间的裤子（Striped Trousers）。背部结构呈中缝有直至腰间的明开衩，两边刀背缝贯通，中间与侧腰至前身的腰缝汇合成T字型结构，并用纽扣固定结合点。袖口以四粒扣为标准。正规晨礼服的长裤使用的是吊带，穿着时一定要注意避免露出衬衫下摆和吊带扣。外套剪裁为优雅的流线型，充满了贵族感。

图 9-4　晨礼服着装图

图 9-5　燕尾服着装图

燕尾服

燕尾服是西方男士着装传统中最正式的着装礼服，英文称 Swallow-tailed Coat，简称 Tail Coat，英国称 Evening Dress Coat（图9-5）。之前燕尾服仅用于18点之后的类似总统宴请、国家之间的晚宴、皇室婚礼以及非常正式的舞会。现如今界限不再划分得如此清晰，也可在一些正式的演奏会和婚礼等重要场合中出现，最正式的礼节是佩戴白色领结。

1890年至今的燕尾服都为缎面戗驳领、一粒扣、黑色上衣，搭配双条侧章黑色西裤，双翼领、硬胸衬系白色领结的白色衬衫，麻质白色方领三粒扣马甲，白色手套，黑色大礼帽，晚装漆皮鞋和球柄手杖。裤子不系腰带由白色吊带固定。上衣背部垂至膝，以中缝分成两部分，从腰部至下摆做成明衩，背部两侧为刀背缝；前摆在腰部截断，长度与马甲相当或稍短；袖口以四粒或五粒扣为标准。

董事套装（Director's Suit）

董事套装（Director's Suit）是简易晨礼服，是当今晨礼服的替代服（图9-6），最早出现于20世纪初，由英王爱德华七世穿着。董事套装（Director's Suit）源于晨礼服，启发于塔式多（Tuxedo）。

董事套装（Director's Suit）上衣款式是单门襟、两粒扣、戗驳领和加袋盖的双嵌线口袋。驳领和双嵌线无需用丝缎面料包覆。衬衣领子以企领为主，翼领为辅。灰色领带为标准搭配，使用的阿斯科特领巾有"崇英"的暗示。马甲采用无领双襟六粒扣或单襟六粒扣式样。帽子由大礼帽换成了圆顶礼帽（Bowler）。

塔式多（Tuxedo）

塔式多（Tuxedo）礼服是无燕尾的正式礼服，通常搭配黑色领结或领带，以黑色为主，不过如今深蓝色也使用较多，多用于晚宴、婚礼、颁奖礼等重要的正式场合（图9-7）。其款式为单排扣戗驳领，配U字领口的四粒扣塔式多（Tuxedo）礼服马甲，两侧为单嵌线口袋，有四粒袖扣。其内穿企领或翼领衬衫，黑色领结，单侧章裤子。19世纪末20世纪初，青果领塔式多（Tuxedo）礼服为贵族炎热夏季田园俱乐部和豪华游艇晚宴的着装。替代礼服马甲的卡玛绉饰带与青果领塔式多（Tuxedo）礼服成为田园风格晚礼服的黄金搭配。

图9-6　Director's Suit 着装图

图9-7　Tuxedo 着装图

黑色套装

黑色套装有两种提法：一是称黑色套装（Black Suits）；一是叫深色套装（Dark Suits）（图9-8）。而实际黑色套装的标志色并不是黑色而是深蓝色。20世纪30年代，因威尔士亲王喜欢这种双排扣西装而开始流行，并且亲王把黑色换成了深蓝色。由于它与鼠灰色为标准色的西服套装联姻，深蓝色和灰色便成为今天公务、商务国际服的主色调。黑色套装有传统版黑色套装与现代版黑色套装两种。

传统版黑色套装服装款式特征：戗驳领素面双排扣，左右各三粒扣，高开领，有袋盖的双嵌线口袋，左胸手巾袋，袖扣四粒。它需搭配企领衬衫和同色西裤。

图9-8　黑色套装着装图

沃斯（Worth）与高级时装

20世纪初的巴黎时装进入了由设计师创造流行的新时代。查尔斯·弗雷德里·沃斯（Charles Frederick Worth）是巴黎高级时装业的第一位时装设计师（图9-9）。在时装设计上，沃斯（Worth）摒弃了新洛可可风格的繁缛装束，将女裙的造型变成前平后耸的优雅样式（图9-10）。他的设计风格华丽奢侈，喜欢在衣身装饰精致的褶边、蝴蝶结、花边和垂挂金饰等（图9-11）。沃斯（Worth）在时装界另一项首创是使用时装模特。他也是时装表演的始祖。

在沃斯（Worth）的时装作品中（图9-12），女人们不再需要累赘的裙撑和配套的坚硬紧身褡来支撑庞大的礼服。腰部仍是设计的重点，但与传统的束腰裙装不同，他彻底抛弃了裙子的传统形式，把裙子的支点从腰部移到了肩部，腰部的承重和束紧压力被释放了出来。衣襟从肩头一直垂落到腰际。他为贵妇们设计了很多轻薄流畅的新式女装，布料从肩头自然垂下，在胯骨处扎起，并装饰绸条、缎带，身侧处装饰大朵的绸缎团花、蝴蝶结和鲜艳的丝绒茶花和流苏。

19世纪70年代，沃斯（Worth）为爱好散步的法国皇后设计的前裙裾提高到脚踝的散步裙风靡一时。此后，沃斯（Worth）又推出了从肩部下垂、腰节分割的新式紧身女装，被称为"公主线"式女装。尽管裙长依旧曳地，但服装的整个造型线条已经与传统裙装截然不同，柔软的长裙体贴地包裹着穿着者的腰部，使整个人看起来柔和而轻巧。

图9-9　巴黎时装设计先驱Worth和其1870年的礼服设计稿

图9-10　Worth于1898年设计的丝绸宫廷晚装

图9-11　Worth于1885年设计的结婚礼服

图9-12　Worth设计的茶会礼服

图 9-13　Paul Poiret　　　　图 9-14　Paul Poiret 与模特　　　　图 9-15　Paul Poiret 设计的歌剧外衣

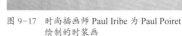

图 9-16　Paul Poiret 设计的作品　　　　　　　　　　　图 9-17　时尚插画师 Paul Iribe 为 Paul Poiret
　　　　　　　　　　　　　　　　　　　　　　　　　　　　　　绘制的时装画

保罗·波烈（Paul Poiret）

　　保罗·波烈（Paul Poiret）是 20 世纪初巴黎最伟大的时装设计师之一（图 9-13）。他于 1879 年出生于法国巴黎，父亲是一位布料商。保罗·波烈（Paul Poiret）从小就在布料堆和买衣服的女性间游走，这为他后来的时装设计带来了很多启迪。20 岁那年，他的才华终于得到先于他出名的设计师杜塞的赏识，被杜塞应聘为特约服装设计师（图 9-14 ～图 9-16）。1903 年，他成立同名高定时装屋保罗·波烈时装工作室（Maison Paul Poiret），当时巴黎众多时尚名流都是他工作室的常客。

多莱斯的肩部支点

　　1906 年，保罗·波烈（Paul Poiret）摒弃了紧身胸衣，推出高腰身的细长形希腊风格。他强调"多莱斯的支点不是在腰部，而是在肩部"，腰身不再是表现女性魅力的唯一手段，从而将欧洲女性从束缚百年的紧身胸衣中解放。这在服装史上具有划时代的意义，也让保罗·波烈（Paul Poiret）成为解放女性身体束缚的时尚先驱。1908 年，保罗·波烈（Paul Poiret）邀请法国著名的时尚插画师保罗·伊里巴（Paul Iribe）为其绘制时装画册（图 9-17），该画册一经发布便引起了极大反响，也大大提高了保罗·波烈时装工作室（Maison Paul Poiret）的知名度。

霍布尔裙（Hobble Skirt）

1910 年，保罗·波烈（Paul Poiret）设计了裙长及踝、宽松腰身、膝部以下打褶收紧、形似美人鱼的霍布尔裙（Hobble Skirt，流行于 1910—1914 年，图 9-18）。（Hobble 为蹒跚地走路之意。）据说霍布尔裙（Hobble Skirt）的灵感来源于莱特兄弟在飞机试飞时用绳子绑住乘客的裙子下摆的造型。一战期间，南美探戈开始在欧洲流行，穿着霍布尔裙（Hobble Skirt）恰好可以迈出一步探戈，这也是促使其流行的原因之一。虽然保罗·波烈（Paul Poiret）一直主张着解放女性身体，但是这款设计却极大地限制住了女性的双腿，使女性在行走时举步维艰。为满足步行的方便，保罗·波烈（Paul Poiret）在收小的裙摆上做了一个开衩，这是服装史上第一次在女裙上开衩。

图 9-18　Hobble Skirt

图 9-19　20 世纪初期，Paul Poiret 设计的阿拉伯风格时装

图 9-20　Paul Poiret 设计的"孔子袍"

波斯服饰与"孔子袍"

1911 年，保罗·波烈（Paul Poiret）豪掷千金在巴黎举办了名为"一千零二夜派对"的社交活动。其后，保罗·波烈（Paul Poiret）大胆吸收阿拉伯女性服装的宽松、随和样式（图 9-19），推出了波斯风格服饰。保罗·波烈（Paul Poiret）还为并不习惯穿裤装的欧洲贵族女性设计了便于运动的灯笼裤，与如伞状的灯罩裙搭配穿着。19 世纪末英法联军和20 世纪初欧美游客、商贾在中国的游历、贸易，以及八国联军的劫掠使清代服饰大量流入欧美市场。华美精致、深具异国情调的中国服装成为西方艺术家、中上层阶级热衷的收藏品，对西方艺术和时装产生了深刻的影响。保罗·波烈（Paul Poiret）也深受东方风影响，推出了"孔子袍"（图 9-20）。

1920 年

1921 年

1923 年

1933 年

1938 年

图 9-21　Vionne 作品

玛德莱奴·威奥耐（Madeleine Vionne）

玛德莱奴·威奥耐（Madeleine Vionne，1876—1975 年）是斜裁法的发明者。

1912 年，36 岁的威奥耐（Vionne）开设了自己的服装店，并创造了改写服装史的斜裁法。

在立体主义的启发下，威奥耐（Vionne）决定将女性从束腰中解放出来，并发起了一场"时尚革命"。威奥耐（Vionne）从古希腊花瓶上描绘的女性形象中获取灵感，采用"斜裁"的裁剪手法，创造出了柔美、飘逸的裙装。这些利用斜裁技术缝制的时装吸引了当时的一批女演员和上流社会贵族。这种方法巧妙地运用了面料斜向的弹拉力，进行斜向的交叉裁剪。斜裁的最大难度在于边缘的处理，威奥耐（Vionne）经常运用菱形和三角形的结合处

理裙子的下摆（图 9-21）。也有人称斜裁服装为"手帕服装"。斜裁法事实上建立了人与服装的一种新关系，使服装与人体达到了自然和谐的状态。威奥耐（Vionne）还运用中国广东的绉纱面料，以抽纱的手法制成了在当时极受欢迎的低领套头衫。

在玛德莱奴·威奥耐（Madeleine Vionne）的服装中，我们常能看到古希腊、中世纪以及东方袍服的影子，她善于将各种元素融合在一起，设计出具有现代感的时装。她还把过去只用做衬里的绉绸运用在晚礼服中，充分利用面料的斜向垂坠感和弹性创造出丰富的变化，做出的服装线条流畅、华美、优雅而不失性感。她所创造的修道士领、露背装和打褶法，如今都已作为专用词汇收入服饰词典。

香奈儿（Chanel）

可可·香奈儿（Coco Chanel，1883—1971年）开创了现代女性时装（图9-22），是第一位将男装结构和男装面料、毛针织物用在女装上的设计师。

1910年，香奈儿（Chanel）在巴黎开设了一家女装帽子店（millinery shop），她凭着非凡的针线技巧，缝制出了一顶又一顶款式简洁耐看的帽子。当时女士们已厌倦了花俏的饰边，所以香奈儿（Chanel）简洁、舒适的帽子对她们来说犹如泉水一般甘甜。1911年，香奈儿（Chanel）把她的店搬到气质更时尚的康明街区（Rue Cambon），至今这区仍是香奈儿（Chanel）总部所在地。1914年，香奈儿（Chanel）开设了两家时装店，影响后世深远的时装品牌"Chanel"宣告正式诞生。

香奈儿（Chanel）设计了不少创新的款式，例如针织水手裙（tricot sailor dress）、小香风套装、黑色迷你裙（little black dress）、樽领套衣等。同时，香奈儿（Chanel）从男装上取得灵感，为当时的女装增添了男装的味道，一改当年女装过份艳丽的绮靡风尚。香奈儿（Chanel）将西装（Blazer）加入女装系列中，又推出女装裤子。20世纪20年代西方女性只能穿裙子。香奈儿（Chanel）这一连串的创作为现代女性时装带来重大革命。

她崇尚的运动和简洁几乎成为一个时代的服装精神(图9-23)，将传统女装的繁文缛节缩减到极限，推出了针织面料的男式女套装、长及腿肚子的裤装、平绒夹克以及长及踝的夜礼服等（图9-24）。在技术上她大量借鉴男装的缝制技巧，创造了极尽隐蔽的工艺技术。

图9-22 Chanel照片

图9-23 Chanel时装画

图9-24 1921年法国时尚杂志上的女装

图 9-25 佩戴仿制珠宝的 Chanel 本人和她的设计

1922 年，可可·香奈儿（Coco Chanel）与流亡法国的俄国沙皇亚历山大二世的长子季米特里·帕夫落维歧大公产生了情感。这位大公将自己逃亡时带出的大批珠宝送给香奈儿（Chanel）。香奈儿（Chanel）以此大批仿制珍珠串饰，搭配使用在自己的时装中（图 9-25）。宝石的意义在于装饰效果，而不在于它的真假。这使得时装流行具有更大的普遍性。

到了 20 世纪 30 年代中期，由香奈儿（Chanel）兴起的仿制珠宝风在欧洲已经极为盛行，而香奈儿（Chanel）却凭着一种直觉推出了真正的宝石饰品。香奈儿（Chanel）对此解释到："在繁华的 20 年代，使用人工制作的珠宝不会给人招摇的感觉。现在生意暗淡，所以推出珍贵的高贵、量少、质高的时装反而可以刺激人们的购买欲望。"

20 世纪三四十年代，第二次世界大战爆发，香奈儿（Chanel）关掉门店，避居瑞士。

1954 年，香奈儿（Chanel）重返法国时装界，试图东山再起，以她一贯的简洁自然的香奈儿（Chanel）风格，再次占据了巴黎女装的时尚潮流。短厚呢大衣、喇叭裤、Tartan 格子、北欧式几何印花、山茶花、花呢（tweed）等款式和元素都是香奈儿（Chanel）二战后的风格式样。

图 9-26　1937 年晚装夹克

图 9-29　Elsa Schiaparelli 倒扣在头上的高跟鞋

图 9-27　Elsa Schiaparelli 和 Dali

图 9-28　Elsa Schiaparelli 的龙虾
图案裙装

图 9-30　Elsa Schiaparelli 用报纸做的
面料图案设计

图 9-31　Elsa Schiaparelli 带金色指甲
装饰的手套

图 9-32　1938 年以昆虫为主题的颈链和手袋

伊尔莎·斯奇培尔莉（Elsa Schiaparelli）

伊尔莎·斯奇培尔莉（Elsa Schiaparelli）是 20 世纪 30 年代超现实主义风格的时装设计师，被香奈儿（Chanel）喻为"会做衣服的画家"。1927 年，斯奇培尔莉（Schiaparelli）推出了使她一举成名的黑毛衣上加白蝴蝶结领子的提花毛衣；1931 年又推出令好莱坞明星纷纷效仿的宽垫肩套装。她为超现实主义先驱让·谷克多（Jean Cocteau）设计的夹克上衣上有一双刺绣的手抱住了穿着者的身体（图 9-26）。受萨尔瓦多·达利（Salvador Dali）影响（图 9-27），她设计了龙虾图案的裙装（图 9-28）和倒扣在头上的高跟鞋（图 9-29），这些设计被无数后来者模仿。20 世纪 30 年代后期，斯奇培尔莉（Schiaparelli）将时装的重点从腰臀部移到了肩部，强调肩部平直的同时，收缩了臀部。这种服装此后在好莱坞的带动下很快流行起来，成为第二次世界大战之前的主流女装。在立体主义大师毕加索（Picasso）建议下，斯奇培尔莉（Schiaparelli）将报刊上有关她的文章剪贴下来，设计成拼图，印在围巾、衬衫和沙滩便装上（图 9-30）。斯奇培尔莉（Schiaparelli）还创造了一些服饰饰品，如带金色指甲装饰的手套（图 9-31）、草虫项链（图 9-32）、甲虫纽扣等都极具特点。

图 9-33 二战时期，欧洲国家和美国参加工厂　图 9-34　20 世纪 20 年代的女装　　　图 9-36　20 世纪 30 年代的巴黎女子时装
　　　　 劳作的女性

1923　　1925　　1926　　1929

图 9-35　20 世纪 20 年代女性风貌

男童风尚（Boyish Style）

　　第一次世界大战期间，欧洲男女比例失调，社会劳动力大量缺失，这为女性们走出家庭，进入社会从事生产劳动、参加社会服务提供了机会（图 9-33）。为了工作便利，符合机能性、方便活动的职业服装就成为战争时期女装的发展重点。

　　这个时期的服装变化需求从以往的晚装礼服转向白天服装。20 世纪 20 年代的女性在外观形象上崇尚帅气、潇洒的气质。1922 年，小说 La Garonne 面世，女主一头短发，手里总是叼着一根烟，常常穿着男人的衣服。这个前卫大胆的人物形象在当时保守的维多利亚年代悄悄被许多女性憧憬着，进而慢慢衍生出了男童风尚（Boyish Style）。女演员凯瑟琳·赫本（Katharine Hepburn）成为第一位在银幕上穿短裤、第一个男装出演以及第一个穿长裤出席奥斯卡的影后。随着电影 Morocco 的上映，玛琳·黛德丽（Marlene Dietrich）身穿黑色男士燕尾服的形象将男童风尚（Boyish Style）推向了高潮。

　　无论裙装还是上衣，都有套头装（Jumper Blouse）的趋向。因为采用了套头方式，因此也无须腰带之类的束带，活动和穿脱都自由容易了。由于这种外形很像未成年的少年体形，故称男童式（Boyish，图 9-34、图 9-35）风格。尽管战后妇女们又迷上了迪奥（Dior）彰显女性曲线的剪裁（图 9-36），但恰逢新一代年轻人掀起的无性别主义思潮，男童风尚（Boyish Style）又回到了大家的视线内。

好莱坞时尚

电影是生活的写照，生活离不开服装，电影也是如此（图9-37）。演员们在电影中扮演角色时所穿着的服装被称为电影服装，具有表演服装的特性。由于电影"源于生活，又高于生活"，所以电影中的服装比生活中略显夸张和超前，这也正是电影引领时尚的魅力所在。

第一次世界大战的爆发，为美国的电影走向世界提供了重要的契机。由于欧洲各国的电影工业因战事影响而陷于瘫痪状态，这使得美国获得了极大的收益，并出现了影片流出去，人才流进来的盛况。好莱坞不仅趁机开拓海外市场，奠定日后把持世界电影市场霸主的地位，而且以一种开放的姿态，接纳来自西欧各国的一流导演以及表演、摄影等方面的专业人才，以壮大他们的创作阵容。此时，默片电影的女明星取代了战前舞台剧的女演员，成为人们至爱的偶像。20世纪20年代的电影，被称为

"女男孩"时代，其实这种具有男孩特征的女性形象是好莱坞电影制作出来的。克拉拉·包尔（Clara Bow）在1927年的电影《它》中的短发红唇造型风靡一时（图9-38），女扮男装成为时尚，这是女装发展史上从未有过的现象。

20世纪30年代，好莱坞创造了很多这样理想的偶像，瑞典演员葛丽泰·嘉宝（Greta Garbo）在影片《卡米尔》中穿着样式简单的白衬衣（图9-39），还有那精致的黑色领带恰到好处地点缀着知识女性的优雅从容，这令那些还裹在长裙和针织外套里的女性倍感失落。另一位瑞典籍演员英格丽·褒曼（Ingrid Bergman）在《卡萨布兰卡》（图9-40）、《爱德华大夫》（图9-41）、《美人计》（图9-42）等影片中有着出色的表演，她高贵而富有女性气息的装扮吸引着无数影迷，被大众誉为"好莱坞第一夫人"。

图9-37 美国好莱坞拍摄电影时的照片

图9-38 1927年电影《它》

图9-39 Greta Garbo《卡米尔》

图9-40 Ingrid Bergman《卡萨布兰卡》

图9-41 Ingrid Bergman《爱德华大夫》

图9-42 Ingrid Bergman《美人计》

图9-43　Paul Poiret 1922年时装

图9-44　英国时装

图9-45　皮草镶边的大衣

图9-46　《罗马假日》

图9-47　《窈窕淑女》

图9-48　《龙凤配》

电影时装

20世纪30年代的无系带套头长裙，突出了裸露的脖子，颈线成为审美焦点（图9-43）。时装的设计重点从20世纪20年代的腿部一度转移至背部。当时的夜礼服背部开得特别低，裸露出大部分的背部。由于当时好莱坞的审查制度规定，女演员的服装前面不得有任何开衩的暴露，因此服装设计师就把开衩转到后面（图9-44）。电影中的服装式样毫无例外地影响了现实社会的时装流行风潮。

在现实生活中，欧美上流社会的晚装往往利用荷叶边或比较夸张的珍珠项链来转移视线，有些人在低背部下边缘装饰一些布料花束。皮草是这个时代显示品味和富有的标志。它可以被镶在下摆、袖口、领口等部位（图9-45）。当然，最为奢侈和流行的是狐狸皮披肩，尤其是以银狐皮披肩最为讲究。它的好处是可以为女性暴露的背部和肩部保温御寒。稍差者也可使用天鹅绒或者薄丝绸围巾来替代。

第二次世界大战后，由于战争对人们造成的各种压力，促使男女老少都喜爱上了观看电影，他们渴望从电影中寻找和平、美丽与梦想，好莱坞进一步确立起作为"梦工厂"的地位。这个美国昔日毫不起眼的小镇，竟成为世界电影的中心力量和世界影迷向往的圣地。这个象征着美国信用卡的好莱坞，每年耗费巨资投拍电影，并推广到世界各地，以赚取成倍递增的利润和荣誉。因此有人说："要看美国经济发展的好坏，就先看看美国电影的票房纪录。"

电影明星之所以有极强的形象感召力，除了他们与众不同的风度、气质和得天独厚的容貌、形体外，也得力于服装设计师的精心包装。著名电影服装设计师阿德理安、班顿和格瑞设计的服装足以同

图 9-49　《蒂凡尼的早餐》

图 9-50　《欲望号街车》剧照

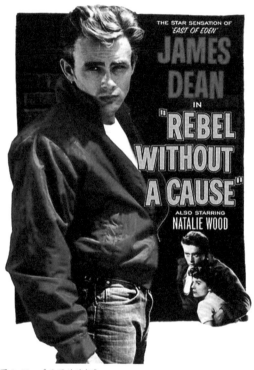

图 9-51　《无因的反叛》

当时最时髦的巴黎时装媲美，被人们称作"明星身后的明星"。20 世纪 50 年代，奥黛丽·赫本（Audrey Hepburn）在影片《罗马假日》（图 9-46）中的服装出自设计师艾迪斯·海德之手，海德由此获得了第五次奥斯卡服装设计大奖。白色衬衫、莲蓬裙、轻便无跟船鞋等，至今还是时尚领域的重要元素。赫本（Hepburn）在接下来的影片《窈窕淑女》（图 9-47）、《龙凤配》（图 9-48）、《蒂凡尼的早餐》（图 9-49）中的服装均出自法国时装设计师纪梵希（Givenchy）之手，两人的合作被誉为时装与电影联姻的最完美组合。

1951 年，马龙·白兰度（Marlon Brando）在影片《欲望号街车》中穿的圆领 T 恤衫、LEVI'S 牛仔裤和皮靴成为时装的潮流（图 9-50），马龙·白兰度（Marlon Brando）略有粗野的男子汉气概和笑起来玩酷的眼神令 T 恤衫顿时大放异彩，这一形象迷倒了无数影迷，更被年轻人捧为摇滚时尚的先驱。其他好莱坞大牌影星如詹姆斯·狄恩（James Byron Pean）在电影《天伦梦幻》和《无因的反叛》（图 9-51）中身着牛仔裤，塑造出年轻人一种浪漫不羁的形象。1961 年影片《西城故事》中的青少年全穿上反折裤脚的牛仔裤，这在当年风靡一时。影片中出现的年轻人，都是与披头士同一类型的，清一色的穿着牛仔裤和 T 恤衫。于是，他们的偶像造型成为了数千万年轻歌迷争相模仿的对象，其共同的服装——牛仔裤、T 恤衫，为广大服装市场带来了活力。

图9-52　20世纪30年代巴黎女子着装

图9-53　"流线型"女装

图9-54　烫发和戴斜扁帽的女性

图9-55　第一代尼龙丝袜

流线型（Streamline Style）

第一次世界大战后，欧洲女装重新恢复到强调女性的妩媚、娇嫩和雅致的气质上来（图9-52），流行经过精致剪裁，不放过身体任何细节，但又有节制地突显体形的简洁丝绸长裙。"成熟、妩媚"取代了先前"年轻、稚气、帅气"的形象，体态轮廓也以曲线玲珑有致的"流线型"（Streamline Style，图9-53）取代以前的"直线型"（Linear Pattern）。烫发技术的出现，也使得卷曲的短发成为流行，与之相配的是斜扁帽（图9-54）。

背部是20世纪40年代女装设计的重点，大部分面积裸露，有很多三角形的结构。通常背部的深V开口袒露出大三角形皮肤，稍宽的肩部与窄腰配合形成一个倒三角形。晚装多采用帝政线分割设计，胸线以下贴体，采用斜裁工艺使面料富有弹性，更突出女性线条，呈现出独有的优雅感觉。有许多设计简洁的晚装成为跨世纪的经典款。

其实，20世纪20年代已有开低背部的女裙式样，威奥耐夫人（Vionne）进一步加强了这种式样。

1937年，杜邦公司研发出了尼龙纤维，开始出现了尼龙袜子，女性秀美腿之风更是以史无前例的速度刮了起来（图9-55）。由于时装的流行越来越快，加之因1929至1933年的经济危机影响，许多家庭经济拮据。因此妇女们将20年代流行的短裙的下摆加上绸缎边、皮毛，把短裙接长以适应新的流行变化。人们开始追求钱包、手袋、帽子等小饰品的新颖。此时，配饰上的宝石成为这些附件设计的焦点。

图 9-56 第二次世界大战期间的西方女性服装

图 9-57 战争期间软木制作的鞋跟

图 9-58 Madame Gres 用红白蓝的法国国旗色设计的时装

图 9-59 Elizabeth Arden 设计了一种穿晚礼服时戴的防毒面具

战时服装

第二次世界大战的爆发引发了物资紧缺，20 世纪 30 年代花花公子和晚会女郎的盛装，被 40 年代轻便、耐用和务实的服装所取代。英、美等国政府开始限制民间纺织品消费，实行节约法令，加之强烈的社会责任和经济紧缩，让人们无暇顾及穿衣打扮。女装也更趋向制服化和功能化（图 9-56）。从 1934 年开始，女装开始变得严谨，加宽了肩部，到 1938 年，为了强调和夸张肩部，上衣服装中开始使用垫肩。受其影响，女性下身的裙子则开始缩短，鞋子则在造型、设计和色彩上更加讲究。因为材料的匮乏，人们开始注重服装材料的品质，那些结实耐用的材料受到重视，尤其是棉麻等与皮肤接触时舒服的材料。此时，人们甚至使用软木制作鞋跟（图 9-57），使用木片制作腰带、手袋等，这样可以节省皮革。

1942 年，法国进入了反法西斯入侵的高潮，法国妇女头戴高而夸张、颜色醒目的帽子，用长发、短裙表达自己的愤怒，帽子和鞋子越来越夸张。在 1943 年德军占领巴黎期间，被誉为"布料雕刻家"的葛莱夫人（Madame Gres）用法国国旗色红白蓝完成了自己复出的第一个系列（图 9-58），她甚至在自己时装屋的一楼窗外挂上了巨大的红色、白色、蓝色三色标识。伊丽莎白·雅顿（Elizabeth Arden）设计了一种穿晚礼服时戴的防毒面具（图 9-59）。

装饰艺术（Art Deco）

装饰艺术（Art Deco）以放射状的太阳光芒线条为主要特征，又融合了各色元素，成为了一种经典的装饰风格。它在20世纪30年代诞生于法国，发展于英国，盛行于美国，而后在上海落脚。在历史上，它更像是新艺术运动和现代主义风格之间承接转换的纽带。

装饰艺术（Art Deco）主要以欧洲中产阶级为设计对象，结合了因工业文化所兴起的机械美学，以较机械式的、几何的、纯粹装饰的线条来表现设计风格，如扇形的放射状太阳光芒、齿轮或流线型线条、对称简洁的几何构图等。它擅长将极具工业感的几何纹样与颇有异域风情的自然纹样相结合，并使用明亮且具有对比性的颜色来彩绘，颜色以白色、金色与黑色为主，辅之以鲜艳的红色、粉红色、绿色、蓝色等高饱和度色彩。材质上以金属与其他材料的结合为特色；造型上多使用流线型、弧形等，加上逐渐退缩的结构轮廓和体积感较强的立体几何造型。

现代设计的萌芽在装饰艺术（Art Deco）运动中时有闪烁，这使得装饰艺术（Art Deco）运动的唯美世界有别于传统，形成了自己融古典与现代为一体，蕴奢华于简约的独特气质。装饰艺术（Art Deco）运动的普及很大程度上归因它的出发点：承认机械化，考虑批量生产的可能性。在法国，装饰艺术（Art Deco）运动使法国的服饰与首饰设计（图9-60）得到了很大发展。

图 9-60　Art Deco 首饰

图 9-61　Flapper Girls 风格晚装

飞来波女郎（Fapper girls）

20世纪20年代，欧美社会、政治和文化正值激烈变革时期，装饰艺术（Art Deco）的兴起，爵士乐从美国传播到了欧洲，一群引领时代潮流、自由不羁的先锋女性出现了，人们称之为飞来波女郎（Fapper girls）。Flapper 是指刚学会飞翔的雏鸟。飞来波女郎（Fapper girls）则是指美丽轻佻的年轻女郎（图9-61）。与她们相伴的是浓妆、爵士乐、烟草和烈酒，还有便于踩着爵士乐节奏的装饰闪亮流苏羽毛、无腰线或低腰线的直筒连身裙，下垂的柳叶眉，妩媚又无辜的眼神，俏皮的波波卷发，颈上一圈圈长长的珍珠项链和闪闪发光（Blingbling）的装饰艺术（Art Deco）风格的首饰，共同组成了西方20世纪20年代飞来波女郎（Fapper girls）的经典形象。

迪奥（Dior）与"新风貌"（New Look）

从 1947 年"新风貌"（New Look）诞生（图 9-62），到 1957 年克里斯汀·迪奥（Christian Dior）逝世为止的十年间，高级时装进入了鼎盛时期。

1947 年 2 月 12 日，法国的天才时装设计师克里斯汀·迪奥（Christian Dior）首次开办了高级时装展，推出名为"新风貌"（New Look）的时装系列，以强调女性隆胸丰臀、纤细腰肢、柔美肩形曲线的设计，打破了战时女装保守古板的线条（图 9-63），也改变了战前风靡一时的香奈儿（Chanel）式时装。整个法国的时尚女士们，开始为自己身上穿着的光秃秃的短裙而不安，为绑在身上的平庸茄克而懊恼。

正如克里斯汀·迪奥（Christian Dior）本人所预言，"新风貌"（New Look）是一个在社会学、美学和商业的奇迹。除了拥有无与伦比的设计天赋外，敏锐、清醒、果敢的商业头脑也是迪奥（Dior）超乎常人的地方。品牌独立前的商业经验，使他坚信天才和足够强大的资本才是品牌的最佳组合，因此，他不仅放弃自己做投资人的想法，也拒绝了别的公司盛情邀请，而坚持创建自己的品牌。正是他的创新思路和坚定人格，马塞尔·布萨克（Marcel Boussac）给了他 600 万法郎的投资。1954 年，迪奥（Dior）的出口额占据法国高级时装总出口额的一半以上。至 1956 年，迪奥（Dior）从开始时的 3 个工作室、85 名雇员剧增至 22 个工作室、1200 名雇员。

20 世纪 50 年代初，迪奥（Dior）公司推出的"垂直造型"及"郁金香造型"就是其提倡时装女性化这一设计理念的表现。1952 年，迪奥（Dior）时装开始放松腰部曲线，提高裙子下摆，1953 年更是把裙底边提高到离地 40 厘米（图 9-64），使欧洲社会一片哗然。1954 年设计的收减肩部幅宽，增大裙子下摆的"H 型"，以及同年发布的"Y 型""纺缍型"系列及之后的"A-line"型时装（图 9-65），无不引起轰动。这些简洁年轻的直线型设计，体现着他纤细华丽的风格，并遵循着传统女性的审美标准。

图 9-62　Dior 设计的改变二战后法国时尚风貌的"New Look"

图 9-63　Dior 设计的改变二战后法国时尚风貌的"New Look"的时装展

1957 年，52 岁的克里斯汀·迪奥（Christian Dior，图 9-66）死于心脏病发作。他的去世宣告了高级时装设计的黄金时代结束，使高级时装"型"的时代成为历史。时装的机能性越来越受到重视，这也使面向大众消费群的成衣化生产模式成为可能。随后，巴黎世家（Balenciaga）推出了放松腰身，装饰一个蝴蝶结的"袋形女装"（Sack Dress）、强调天真可爱的"娃娃式女装"（Baby Doll）（图 9-67）；迪奥（Dior）店的继承人伊夫·圣·洛朗（Yves Saint-Laurent）推出了高腰身的"梯形"（Trapeze Line，图 9-68）时装；皮尔·卡丹（Pierre Cardin）推出了高腰身的后背宽松的"斧形"（Serpe）服装，并且裙长缩短到离地 50 厘米。

20 世纪 60 年代末期，法国社会的不安定，使得高级时装店面临着顾客急剧减少的窘境，而时装店的员工要求加薪的呼声更是让高级时装店面的经营雪上加霜。1970 年后，时装界进入了高级时装与成衣共存的时代。

图 9-64　时装设计大师 Dior　　　　图 9-65　Dior 的 "A-line" 型时装

图 9-66　工作中的 Dior

图 9-67　Balenciaga 女装

伊夫·圣·洛朗（Yves Saint-Laurent）

伊夫·圣·洛朗（Yves Saint-Laurent，图6-69），1936年出生于阿尔及利亚海滨城市奥兰，2008年6月1日于巴黎去世，终年71岁。他独树一帜的女装将流行文化和社会变革融合在一起，以服饰为现代女性赋予新的定义。

1954年，伊夫·圣·洛朗（Yves Saint-Laurent）被时装设计学院Chambre Syndicale录取。在巴黎学习期间，伊夫·圣·洛朗（Yves Saint-Laurent）的作品在一次巴黎设计大赛中独揽了3个奖项。时任时尚杂志Vogue主编的米歇尔·布朗诺夫十分看好这名年轻人，不仅出版了他的设计草图，还把他推荐给了克里斯汀·迪奥（Christian Dior）。伊夫·圣·洛朗（Yves Saint-Laurent）幸运地成为了迪奥（Dior）的助手，跟随迪奥（Dior）学习了3年时光。

1957年，在克里斯汀·迪奥（Christian Dior）逝世后，年仅21岁的伊夫·圣·洛朗（Yves Saint-Laurent）担任了这家时装品牌的首席设计师。在为迪奥（Dior）公司设计的第一件作品中，年轻的伊夫·圣·洛朗（Yves Saint-Laurent）就创造了"梯形"外观。他脱离了（Dior）强调小腰身的一贯风格。他设计的服装前身胸部合体，后身自由垂落来隐饰腰部。掌舵第二年，他举办了自己的首个时装发布会。他设计的窄肩、宽裙摆式的梯形宽松女装惊艳四座，使当时流行多年的细腰式女装设计理念受到了冲击。

1960年，在好友皮埃尔·伯格的帮助下，伊夫·圣·洛朗（Yves Saint-Laurent）于1962年创立了自己的时装店。1962年，伊夫·圣·洛朗（Yves Saint-Laurent）以革命性的前卫设计为女性时装带来颠覆性的变革。他将实用的男装技术和设计语言广泛地推广到女装，从根本上确立了女装的职业效能和社会地位，开辟了现代职业女装的先河。男装女穿，伊夫·圣·洛朗（Yves Saint-Laurent）让女性走出了家门，参与到社会中。他是第一个为女性设计燕尾服的设计师，也是首个启用黑人模特并首创模特

图9-69　Yves Saint-Laurent（左二）

图9-68　梯形时装　　图9-71　吸烟装

图9-70　秀场图

不穿胸罩的设计师（图9-70）。他创作的吸烟装（图9-71）、风衣、水手服、骑士装、鲁宾逊装、嬉皮装、中性装、透视装、猎装及长筒靴至今还是现代女性衣柜里的必备品。他的作品前卫、新颖，亮色系与黑色混合着色成为他的标志性设计，喇叭裤、喇叭裙及"烟管装"等作品都在时尚界引起轰动。

图9-72　Yves Saint-Laurent 和他的 Mondrian 元素时装　　　　　图9-73　Yves Saint-Laurent 的 Matisse 元素时装

伊夫·圣·洛朗（Yves Saint-Laurent）与蒙德里安（Mondrian）、马蒂斯（Matisse）

　　时装评论家苏茜·梅克斯曾说过，"伊夫·圣·洛朗（Yves Saint-Laurent）是第一个将艺术融于时装的设计师。"早在1965年，热爱艺术和历史文化的伊夫·圣·洛朗（Yves Saint-Laurent）就以直线和矩形色块在时装上复制了冷抽象画家蒙德里安（Mondrian）的《红、黄、蓝三色构图》。该系列作品采用简略的直身式裁剪，通过色彩的跃动体现

了简略而不简单的设计理念（图9-72）。这个系列的作品堪称是最早将艺术与时尚结合的成功典范。马蒂斯（Matisse）作为野兽派的灵魂人物，依然蜚声世界。他一直坚持用大胆的线条和鲜明的色彩塑造出他所构想的一切。晚年的马蒂斯（Matisse）创作了让后来人称奇的剪纸画。他创作的《蜗牛》《花束》成为伊夫·圣·洛朗（Yves Saint-Laurent）的创作灵感（图9-73）。

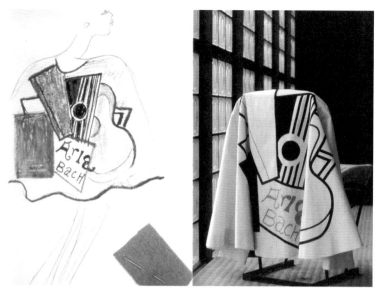

图 9-74 Yves Saint-Laurent 的 "毕加索云纹晚礼服"

图 9-75 Yves Saint-Laurent 设计的毕加索绘画时装

图 9-76 Yves Saint-Laurent 的 2002 年春夏 "毕加索和平鸽服"

伊夫·圣·洛朗（Yves Saint-Laurent）与毕加索（Picasso）艺术

毕加索（Picasso）是当代西方最有创造性和影响最深远的艺术家之一，是 20 世纪最伟大的艺术天才之一。1950 年 11 月，为纪念在华沙召开的世界和平大会，毕加索欣然挥笔画了一只衔着橄榄枝的飞鸽。当时智利的著名诗人聂鲁达把它叫做 "和平鸽"。1979 年，伊夫·圣·洛朗（Yves Saint-Laurent）发布 "毕加索云纹晚礼服"，在裙腰以下大胆地运用绿、黄、蓝、紫、黑等颜色对比强烈的缎子，在大红背景上进行镶纳，构成多变的涡形 "云纹"（图 9-74）。伊夫·圣·洛朗（Yves Saint-Laurent）也曾将毕加索（Picasso）的代表作鸽子、小提琴、乐谱等运用在自己的黑裙白衣的设计中（图 9-75、图 9-76）。

图 9-77　梵高的《向日葵》和 Yves Saint-Laurent 的时装

图 9-78　Yves Saint-Laurent 的时装 "向日葵" 局部　　图 9-79　梵高的《鸢尾花》和 Yves Saint-Laurent 的时装

伊夫·圣·洛朗（Yves Saint-Laurent）与梵高艺术

　　1987 年，英国佳士得公司以 2500 万英镑将荷兰印象派画家梵高油画杰作《向日葵》拍出了当时世界艺术品拍卖的最高价位，在世界范围内引起了极大的轰动。2002 年春夏，伊夫·圣·洛朗（Yves Saint-Laurent）将梵高的《向日葵》移植到自己的时装作品中（图 9-77）。伊夫·圣·洛朗（Yves Saint-Laurent）以精湛的刺绣工艺，耗时 2000 多个小时，将重达 36 斤的无数张闪烁着各种颜色的金属珠片和珠子缝缀在这件 "向日葵" 短夹克上（图 9-78），充分表现出原作的神韵，使日常的短夹克变得熠熠生辉。在同场发布会中，伊夫·圣·洛朗（Yves Saint-Laurent）还展示了以梵高于 1889 年 5 月完成的《鸢尾花》为创造蓝本创作的闪光钉珠夹克（图 9-79）。

迷你裙（Miniskirt）

20 世纪 60 年代初，伦敦加纳比（London Carnaby Street）附近的女孩们，已开始穿着裙摆至膝部的短裙了。1965 年，马丽·奎恩特（Mary Quant，图 9-80）在英国白金汉宫隆重推出了刚刚能遮住膝盖的迷你裙（Miniskirt）（图 9-81）。同年，巴黎的高级时装设计师安德烈·库雷热（André Courrèges）将女套衫加长 6 英寸（约 15 厘米）使之变为"连衫裙"。随后，安德烈·库雷热（André Courrèges）将裙摆线条再次上移，直到人体膝盖以上，发表了史无前例的"露出膝盖"的迷你装。马丽·奎恩特（Mary Quant）和安德烈·库雷热（André Courrèges）正是凭借着精确的比例感和卓越的剪裁技术呈现出纯正、新鲜的服装美感，创造了革命性、新颖柔美的均衡造型（图 9-82）。这种可以展现女性修长双腿、高翘臀部和轻盈体态的迷你裙（Miniskirt）一经发布，即引发了社会道德的论战。虽然迷你裙（Miniskirt）有其反传统的思想背景，不过对具有修长双腿的 20 世纪 60 年代少女来说，

"露出膝盖"是年轻人表现自我特有的权利。它被视为"年轻人时装的第一股旋风"的起因，并迅速在欧美风靡。

安德烈·库雷热（André Courrèges）的作品发表后，美国全国广播公司（NBC）电台利用刚刚发射成功的卫星，隔着大西洋将巴黎的新型风貌以最快的速度传播到美国。世界各地的传播媒体也竞相刊出图片，不间断地反复报道。迷你裙（Miniskirt）为全球女装带来了革命性的改变，在青少年中立刻刮起了迷你旋风，一时间还不能完全接受的成年人也或多或少地提高了裙子底线。

1966 年春夏之际，一向以尊于传统著称的纪梵希（Givenchy）和巴尔曼（Balmain）为了适应潮流，也将服装下摆移至膝盖处；巴黎世家（Balenciaga）和格雷（Gres）夫人则推出膝盖以下的服饰（图 9-83）；香奈儿（Chanel）也推出了紧贴膝盖的"香奈儿长度"；路易·威登（Louis Vuitton）则出人意料地将下摆缩至膝盖上 22 厘米处，是当时主流服饰品牌中最短的迷你装（图 9-84）。

图 9-80　Mary Quant

图 9-81　Mary Quant 设计的 Miniskirt

图 9-82　20 世纪 60 年代露出膝盖的 Miniskirt

图 9-83　Balenciaga 的 Miniskirt　图 9-84　Louis Vuitton 的 Miniskirt

垮掉的一代（Beatniks）

20世纪50年代，美国出现了避世派文化运动。有些史学家也称它为"垮掉的一代"（Beatniks）。起初他们的思想理念与穿衣方式只是在小范围内传播，在成员彼此的互动与感染下，他们的思想逐步具体清晰了起来，最终演变为一场思想运动（图9-85）。

避世派成员大多卷入过痛苦的战争，他们对陷入一成不变、追求物质享受的美国生活方式感到极度的失望。他们抗议"疾病缠身的美国"，沉醉在爵士乐的旋律中。如同他们创造了自己的文学风格一样，他们也开创了自己的着装风格。避世派成员拥有共同特点，即男性们一般蓄须，留短发，穿卡其色的棉质上衣或牛仔上衣，穿衬衫不打领带，穿毛衣和凉鞋等；女孩则穿黑色紧身上衣，不涂口红，但却涂抹色彩极其艳丽的名为"野熊"的眼影。

避世派文化运动在1957年至1958年穿过大西洋，在遥远的欧洲登陆。最初接受的只是英国，然后它逐渐在欧洲各国产生影响。但有一点需要特别指出，避世派运动的特色在渡海之后，完全失去了早期美国避世派"知识性"的主要特征，以及"和平主义"的思想境界，只有反社会的行为模式和服饰习俗保留了下来。

对避世派产生共鸣的，不只是青年学生，还包括十几岁的孩子们。后来随着避世派文化运动在欧洲的传播与发展，十几岁的孩子成为了这场运动的主角。西方20世纪五六十年代的经济跃进，使得西欧社会劳动阶层整体上跨入了富有的生活状态，但迫于现代化的高消费、高竞争的生活方式，夫妻二人必须一起外出工作；女性在家里照顾孩子的传统也早已因妇女的外出劳动而改变；独生子女的比例也比以往大幅提高。虽然在物质上并不匮乏，但在情感上却孤独自闭的青少年，因无法在家庭中得到应有的温暖，开始用一种另类的表达方式来发泄情绪。这一切为"避世派文化运动"在欧洲的盛行培植了土壤。

法国青年人自称是伙伴（Copains），感情上

图 9-85　避世派文化运动

的孤独导致他们借助另类的行为，如飙车以及其他各种带有破坏性的行为来发泄情绪。西欧避世派造型上的共同特点是色彩强烈的安全帽、形状怪异的眼镜、绣花高皮靴等。由于利益的驱动，*Life*、*Elle*之类的杂志将注意力集中在他们身上，这唤起了大众的广泛注意。商人们从中也看到了无限的商机，将"避世派"服饰带进了服装商场。西欧避世派引进并沿用了美国早期避世派传统的皮革制宽松上衣以及牛仔裤。不过，与美国的避世派文化运动前辈们不同的是，欧洲拥有较高购买力的青少年，无法满足于这种廉价的服饰商品。于是欧洲避世派们身上穿的粗糙的自制的宽松上衣，逐渐由商家制造的高档商店货架上的精致商品所替代。

嬉皮士（Hippies）

1966 年初，起源于伦敦的嬉皮士（Hippies）运动在美国西海岸登陆，便迅速演化成以怀旧为题材的田园风格的街头装。同年 10 月，在金门公园的草坪上集结了 3 万多人，举行了名为花之子（Flower Children）的集会。1967 年 1 月，在同一场地又集结了 5 万人，组成了一个名为人类（Human Being）的团体。到了这一年的夏天，在春天还是20 万人的美国嬉皮士团体已经超过了 45 万人，嬉皮士（Hippies）运动迅速波及全球（图 9–86）。

嬉皮士（Hippies）是避世派思想之后，另一个对主流服饰影响深刻的年轻人运动。嬉皮士（Hippies）对传统衣着的态度是"反流行"（Anti Fashion）。他们席地而坐，以拥抱代替握手，穿印花服饰，以别具特色的民族服饰取代了传统的高级时装。

嬉皮士（Hippies）与避世派之间最大的不同点是嬉皮士（Hippies）拥有更宽裕的经济条件，他们通过服饰来表现反传统的意识，使得服装意识形态与物质形态变得更多样化而且更具有活力。尽管嬉皮士（Hippies）在外形上很颓废，但他们的无性别发式与着装却开辟了近代中性服饰的序幕（图9–87）。

嬉皮士（Hippies）有意地将自己弄得衣衫褴褛，并在衣服上绣上各色花朵来表达对战争和工业社会的厌恶以及对爱与和平的渴望（图 9–88）。他们对大工业生产给社会带来公害的现象进行了彻底地、无情地批驳。他们全面排斥人造纤维，只接受棉、毛、丝、麻、皮革等服装面料。同样的，他们也否定工业社会机械化大生产，尊重并发扬手工业，这种思想繁衍出另一种复古的风潮。嬉皮士（Hippies）经常出游，海外旅行更是常事。他们带回印度妇女用的披巾（Sari）、阿富汗人民的上衣、摩洛哥工人的工作服。他们觉得这些衣物更珍贵，更蕴含自然美。这促成了民族时装的流行，这也体现了嬉皮士（Hippies）运动对发展中国家人民的同情与关爱。

图 9–86 Hippies 运动迅速波及全球

图 9–87 Hippies 运动及其服装

图 9–88 Hippies 用鲜花表达对战争和工业社会的厌恶

朋克（Punk）

在西方社会里，20世纪70年代常被形容为"乌托邦主义幻灭、颓废的年代"，人们痛醒于现实中，努力去忘掉一切。这种态度反映在了时装里。20世纪70年代初期，欧洲社会正处在通货膨胀、失业率上升的形势下，经济的不景气导致人们对高贵奢华、过分强调女性魅力的时装产生了多多少少的抵触情绪。越战结束后，嬉皮士（Hippies）以鲜花倡导爱、和平、回归自然的观点被认为是颓废的象征。这显然不适合70年代激进、充满暴力倾向的青年人。

发源于伦敦金斯路郊外的一种新势力朋克音乐（Punk Music）在伦敦街头宣告诞生。朋克（Punk）的兴起和盛行，与20世纪60年代（图9-89）的嬉皮士（Hippies）、摇滚乐队及当时蔑视传统的社会风尚有着千丝万缕的联系。朋克音乐（Punk Music）起源于60年代车库摇滚和前朋克摇滚的简单摇滚乐。起初，它是最原始的摇滚乐——由一个简单悦耳的主旋律和三个和弦组成，经过演变，朋克音乐（Punk Music）已经逐渐脱离摇滚，成为一种独立的音乐（图9-90）。朋克音乐（Punk Music）不太讲究音乐技巧，更加倾向于思想解放和反主流的尖锐立场，这种初衷在20世纪70年代特定的历史背景下在英美两国都得到了积极效仿，最终形成了朋克（Punk）运动。朋克（Punk）群体以极端的方式追求个性，同时又带有强烈易辨的群体色彩。他们穿着黑色紧身裤、印有寻衅的无政府主义标志的T恤衫、皮夹克和衣服上缀满亮片、大头针、拉链的形象，从伦敦街头迅速复制到欧洲和北美（图9-91）。

图9-89　20世纪60年代的年轻人

图9-90　雷蒙斯乐队

图9-91　Punk人群着装与Jean Paul Gaultier设计的Punk时装

维维恩·韦斯特伍特（Vivienne Westwood）

维维恩·韦斯特伍德（Vivienne Westwood，图9-92）是英国时装设计师，时装界的"朋克女王"。她出身于一个北英格兰的工人家庭，曾是朋克（Punk）运动的显赫人物。她的成就要归功于她的第二任丈夫马尔姆·麦克拉伦——英国著名摇滚乐队"性手枪"的组建者和经纪人的启发与指点。她使摇滚具有了典型的外表，如撕口子或挖洞的T恤衫、拉链、色情口号、金属挂链等，并一直影响至今。

维维恩·韦斯特伍特（Vivienne Westwood）在伦敦皇家大道上的时装店，最初取名岩石（Rock），后改为世界尽头（World's End，图9-93），可谓是个名副其实的朋克（Punk）之家。随着时间的流逝，松散的结构、多道拉链、尖头束发等朋克（Punk）风格逐渐被商业化，进入了主流时装和文化领域（图9-94）。在廉价商店里可以看见用安全别针与刮胡刀片制成的耳环，在高档商店中这些会用黄金来制作（图9-95）。

图9-92　Vivienne Westwood

图9-93　World's End

图9-94　Punk风格服装

图9-95　Punk风格饰品

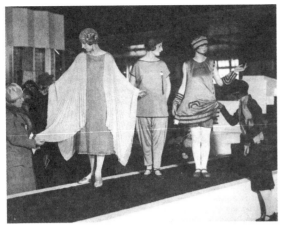

图 9-96　Sorell Fontana 时装秀在 Pitti 宫举办（佛罗伦萨，1953 年）

图 9-97　Christian Dior 和 Salvatore Ferragamo 在纽约的合影

法国服装工厂　　　　　　　　　　　女性内衣花边的制作　　　　　高级女装作坊

图 9-98　20 世纪中叶的法国纺织工业和高级时装业

成衣兴起

到了 20 世纪 40 年代，人们对成衣业的印象已开始有所改观。1943 年，公关界的先锋人物埃利诺·兰伯特（Eleanor Lambert）发现美国消费者除了等待着战事的报道之外，还对大洋那边的时尚发展趋势密切关心。于是埃利诺·兰伯特（Eleanor Lambert）将媒体集中到了一起，在纽约召集了一群设计师，举办了世界上第一次时装周（图 9-96）。从此美国和世界各地的时装掘金者们就定期在纽约举办时装周。

1946 年，人们将"妇女成衣业"（Confection Pour Dames）改名为"女装工业"（Industrie Du Vetement Feminin）。1947 年，在里昂商品交易会上，有 100 个成衣制造商参展。1950 年，法国纺织工业和高级时装业同时跌入困境。尽管有高级时装协会与纺织品补助政策的大力扶持，高级时装业还是不可阻止地走向衰落。1952 年有 60 家高级时装公司，

到 1958 年时，仅剩下了 36 家。一些人为了挽救颓势，开始考虑如何将高级时装与成衣联合。

1959 年，德国成衣业协会与法国高级时装协会签订了一个协议，即每年两次由包括巴尔曼（Balmain）、迪奥（Dior）、郎万（Lanvin）等在内的 15 名法国高级时装设计师，每人带 60 至 70 件款式的衣服到德国参展，使德国的成衣制造业能够及时了解服装最新流行趋势，从而降低批量生产的风险性。而法国的高级时装设计师们也能从展会的门票收入中获得丰厚的利润（图 9-97）。在 1958 年至 1963 年的这段时间，美国和一些欧洲国家的成衣业正在势不可挡地发展壮大起来，成衣制造商从巴黎的高级时装大师们手中购买新的款式，再回到本国进行批量生产（图 9-98）。20 世纪 60 年代初，每季都有满满一架飞机的新款式衣裙和样板从法国运往纽约。

太空风貌（Space Age Look）

1957 年，苏联发射了人造卫星，把人送到了太空。经过多年的努力，美国宇航员在 1960 年登上了月球表面（图 9-99），人类第一次登月触发了未来主义的时尚浪潮。人类登上了月球，从而兴起了全世界对于宇宙太空的好奇以及对现代科技的崇拜。

这促成了当时的太空风貌。在 20 世纪 60 年代的整整 10 年里，对于宇宙的向往与着迷成为当时社会设计的主调，太空、宇航主题的极简主义设计风格应运而生，它被叫做太空风貌（Space Age Look）和现代主义风貌（Moderrism Style）。

图 9-99 1960 年美国宇航员登月照片

图 9-100 André Courrèges 的作品

塑料时尚

自 1958 年开始到 1973 年的 15 年间，世界塑料工业飞速发展。

20 世纪 60 年代，塑料材料被很多设计师大胆创新，广泛应用于家具、包装、建筑、工业设计等领域。法国设计师未来主义时装之父安德烈·库雷热（André Courrèges）从宇航服的头盔造型中获得

灵感，设计出塑料材质的并带体积感的膨大的帽子。模特们短发造型，妆容强调眼线，再穿上迷你喇叭裙和塑料气孔的衣服，搭配平底鞋或短靴，这一系列的设计直接使白色和银色成为当季的主导颜色并带动了太空装（Space Look）潮流（图 9-100）。

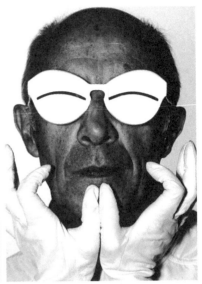

图 9-101　André Courrèges 的作品

安德烈·库雷热（André Courrèges）

安德烈·库雷热（André Courrèges）因"月亮女孩"（Moon Girl Look）而闻名于世，其在 1964 年所发布的首个太空时代（Space Age）系列，以前卫简洁的未来主义风格时装准确地迎合了 20 世纪 60 年代的文化氛围和审美理想。曾经在工程专业学习，当过飞行员的时装设计师安德烈·库雷热（André Courrèges）采用背景色和明快色彩，突出体现了他对于科学技术的热爱。

他在 1965 年春夏季推出了包括帽子、眼镜、手套在内的宇航员式样的时装系列。这一系列有体现未来主义的超短裙和白色方头的塑胶靴等。时装款式不仅采用了几何形式的裁剪，还采用塑胶片和金属片突出太空的金属感（图 9-101）。有棱角的几何图形具有机械时代的单纯特征。太空时代无性别区分的特点成了时装界一个大胆的尝试，喇叭裤与靴子代替了迷你裙（Miniskirt）与长筒靴或低跟女鞋。甚至，有人还用皮革或聚氯乙烯做成更为中性的裙子。

安德烈·库雷热（André Courrèges）深受艺术与设计领域的现代主义与未来主义的影响，并善于从现代建筑与新材料方面汲取充足养分。作为上世纪最富实验精神的品牌设计师之一，安德烈·库雷热（André Courrèges）将他对未来主义和科技领域的探索融入了时装。

图 9-103　Pierre Cardin 太空风貌设计

皮尔·卡丹（Pierre Cardin）

皮尔·卡丹（Pierre Cardin，图 9-102）曾在迪奥（Dior）做首席设计师。他于 1958 年设计出无性别（Nuisex Collection）服装系列。这不仅是女权主义服饰解放的体现，对于男性来讲，也是一个新鲜的选择。

1959 年，皮尔·卡丹（Pierre Cardin）打破了小批量的高级时装市场，推出了法国第一个批量生产的成衣时装系列，使高级时装具有了更大的受众范围和利润空间。这是一场服装行业的革命，以至于法国高级时装协会辛迪加（Chambre Syndicale）除名了他的会员资格。

从 20 世纪 60 年代开始，大工业时期的生产技术在服装制作上得到了广泛的应用，它直接对流行时装的转变起到了推动作用。皮尔·卡丹（Pierre Cardin）的公司每年卖出的设计草图多达千余件，大部分细部设计则交给得到商标使用权的各地商人，他们再根据当地的实际销售情况进行提成。皮尔·卡丹（Pierre Cardin）只掌握授权公司 4%～10% 的股份，这就使得他的服装设计更容易走向市场。全球以皮尔·卡丹（Pierre Cardin）品牌生产的商品，年利润已经超过了 12 亿美元。皮尔·卡丹（Pierre Cardin）领导了这场商业革命，他也是这场商业革命中的最大受益者。

图 9-102　Pierre Cardin 和其斧形设计

皮尔·卡丹（Pierre Cardin）将人造卫星等前沿科技与时装设计结合，以硬挺的短上衣、维尼纶织物、飞行帽和护目镜等单品，推出了航天时代（未来时代）的装束（图 9-103）。

图 9-104　20 世纪中叶的法国纺织工业和高级时装业

高级成衣

　　1973 年 10 月，中东战争引发了石油危机，导致石油价格上涨，石油冲击又引发了世界性的经济危机。经济不景气与高失业率使广大民众对于单一方式的专家、精英、领导更加带有反对情绪，导致人们全面性地不再光顾时装商店，高级时装业再次陷入了黑暗时期。

　　此时，随着传媒技术的进一步提升，20 世纪 70 年代服装国际化进程因此加速了。布里诺·迪·洛瑟尔评论道："这次世界危机，完成了 20 世纪 60 年代以及 70 年代进行中的，19 世纪以后服装系统之全面性破坏运动。"成衣制造技术的提高使其与高级时装之间的差距逐渐减少。社会上流阶层的传统生活方式也在社会种种变革后有所改变。高级时装所追求的奢华与高贵的品位，相对于中产阶级朴素的生活态度和年轻人的激进思想，已经显得落伍了。巴黎每年两次的时装发布会也逐渐衰落，从世界各地赶来的顾客从 1964 年的约 15000 名锐减至 1974 年的约 5000 名。顾客数量的减少使巴黎的高级时装业走向了衰落。1955 年，法国高级时装的从业人员有 20000 多人，到了 1965 年减少至 10000 多人，而到了 1973 年，则只剩下 2200 多人了。加盟高级时装协会的高级时装店也由 1962 年的 55 家，变成 1963 年的 45 家，最后减至 1967 年的 32 家。

　　1973 年，为了挽救本国的时装产业，巴黎的高级时装协会、高级成衣协会和法国男装协会联合组成了现在的法国服装联合会（Federation Francaise de la couture du pret-a-porter des couturiers et des Cresteurs de Mode）。这项改革将高级时装和高级成衣联合起来。它正式确认并涉足高级成衣业是挽救巴黎时装地位的战略性需要（图 9-104）。随着皮尔·卡丹（Pierre Cardin）进军成衣业的成功，许多高级时装设计师也开始进行有益的尝试，把高级时装和大众口味结合起来，圣·洛朗（Saint-Laurent）就是朝这个方向努力的一面旗帜，他设计了一些中产阶级喜爱的服装。

图 9-105　Rei Kawakubo 和她的作品

川久保玲（Rei Kawakubo）与乞丐装

　　川久保玲（かわくぼれい，Rei Kawakubo）是当代国际超一线的潮流品牌设计师。其以反常规、非自然形态、具有实验性，却又极其丰富和高完成度的设计风格而出名。她于 1942 年 10 月出生于日本东京，毕业于庆应义塾大学。

　　1973 年，她成立了第一个服饰品牌"Comme des Garcons"，中文译为"像个男孩"。1981 年，"像个男孩"（Comme des Garcons）在充分占领日本市场后积极进军巴黎市场。1982 年，川久保玲（Rei Kawakubo）以表面有各式不同大小孔洞的"乞丐装"的针织服装，推出了反时尚的服装哲学，更新、丰富了流行时尚的内涵。像制作日本和服那样，川久保玲（Rei Kawakubo）不把多余的布料剪去，而让其随意挂着，使衣服呈现出宽松肥大、不平衡感和下坠感，布料仿佛被撕开似的，*ELLE* 著名时尚评论人的评价是"被炸弹炸成布条的破烂衣服"。从这一系列带孔洞的服装开始，川久保玲（Rei Kawakubo）反时尚设计理念和服装哲学越来越清晰地展现在我们面前。

　　川久保玲（Rei Kawakubo）的设计用料简洁朴素，在外形上强调平面及空间构成，在结构中融入现代的建筑美学概念。她的设计经常由各种暗黑色系的色彩构成，不成章法的架构轮廓，颠倒错乱的口袋设计，不强调肩线的手法，过长的袖子，层层相叠的多层次组合，丰富多变的剪裁手法，色彩强烈的格纹裤配合着不对称剪裁的上衣，围裹、抽褶等细部处理技巧，释放出建筑风格与幻觉效果（图 9-105）。

图 9-106　Issey Miyake 和他的作品

三宅一生（Issey Miyake）

二战后的日本，经济萧条，满目疮痍，西方文化渗透进了各个领域，深入到大部分日本人的衣食住行。甚至，战后的第三代都不会使用筷子，三宅一生（Issey Miyake）感受到了民族传统将消失殆尽的危险。鉴于此，他要把日本的服饰传统与西方的经验结合起来，通过时装把东方的文化、东方的服饰观念推向全世界。他开始着意研究和服，努力"发掘出和服背面的潜在精神"，这句话概括了他的全部设计思想。三宅一生（Issey Miyake）以对和服的感觉为基础，更加有意识、自觉地向西欧的传统服装挑战。凯洛林·里诺滋·米尔布克在《时装，伟大的创造者们》一书中，以整章的篇幅对三宅一生（Issey Miyake）做了详细的介绍，即"在他的设计中，最与众不同的层面、最难以理解的特点是：在身体与服装之间所保留的空间。他的服装，应用了多样化的方法，配合多样化的创意，顺着身体的曲线设计，但并不是模特身上的第二层皮肤。在三宅一生（Issey Miyake）的设计过程中，大部分面料是依附于穿者身上的。"

他在 1978 年出版的《东西方相遇》一书中这样写道："第一个从西方文化中站起来的人，必定要寻找服饰审美的另一个方面，开创新的设计方法。"此时，三宅一生（Issey Miyake）面临的最重要的问题是如何把服饰美学提到哲学的高度来思考，使之能给予人们一种内在、深邃的反思。

三宅一生（Issey Miyake）的时装（图 9-106）一直以无结构模式进行设计，摆脱了西方传统的造型模式。他的创新关键在于对整个西方设计思想的冲击与突破。在造型上，他开创了解构主义设计风格，借鉴东方制衣技术，改变了高级时装及成衣立体造型定式。用各种各样的材料，如日本宣纸、白棉布、针织棉布、亚麻等，创造出各种肌理效果，被称为"面料魔术师"。他喜欢用大色块的面料进行拼接来改变造型效果，格外加强了穿着者个人的整体性，从而使他的设计醒目且与众不同。

山本耀司（Yohji Yamamoto）

山本耀司（Yohji Yamamoto，图 9-107）以反时尚、简洁而富有韵味、线条流畅的时装设计风格著称。他于 1943 年出生于日本东京；1966 年至 1968 年，他在日本东京文化服装学院学习时装设计；1976 年，他在东京举行了第一场个人发布会；1981 年，他将亚洲的时装设计第一次带进了当时的"时尚之都"巴黎。山本耀司（Yohji Yamamoto）以东方服装造型为基础，借助黑色、超大廓型（Oversize）、不对称剪裁、层叠、悬垂、包缠等非固定结构的解构主义着装理念，撕裂了传统西方服饰的平衡对称、以紧身结构来表现女性身体曲线的设计理念，丰富了时装的意义，开创了全新的时尚美学。

图 9-107　Yohji Yamamoto 和他的作品

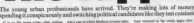

图 9–108　20 世纪 80 年代的 Yuppie Look

图 9–109　Yuppie Look

雅皮士（Yuppies）

20 世纪 80 年代是一个享受的年代、丰裕的年代。物质主义成为生活的中心，追求物质享受成为这个时期的中心。在时装方面，人们穿着讲究，年轻人反叛的时装风格已经被归入主流时尚（图 9–108）。这个时期，曾经激愤的青年人已开始成为社会的主流，嬉皮士（Hippies）风格演变成雅皮士风貌（Yuppie Look）。20 年前的以精神至上、意识形态为主导的文化被物质社会的感官享受所取代。他们的着装、消费行为及生活方式等带有较明显的群体特征，但他们并无明确的组织性。雅皮士（Yuppies）有着较优越的社会背景，如较高的社会地位、丰厚的薪水等。他们不一定年轻，但他们对奢华物品、高级享受的追求热情十足。雅皮士（Yuppies）衣着讲究，修饰入时，处处透露出他们所拥有的良好的生活状态。

20 世纪 80 年代的职业女性，要在各个领域与男性一争长短，所以采取了非常咄咄逼人的态度。这种态度反映在女性服装上是正式的，如剪裁精致、宽垫肩的上衣，短而紧身的裙子和讲究的衬衣。宽而棱角分明的垫肩是从男士西服中借鉴过来的，直而硬的廓型传达出权威的感觉（图 9–109）。服装使用超大风貌（Ovresized Look），做旧的面料，灰调色彩，凡此等等，把女性天然的体态掩盖掉，使得女性扮作男儿相。

极简主义

20 世纪 80 年代，时装界开始寻求简约与抽象主义的结合。作为一种现代艺术流派，极简主义出现并流行于 20 世纪五六十年代，主要表现在建筑、日用、绘画等领域。极简主义主张极少的装饰，摒弃一切干扰主体的不必要的东西，即密斯·凡·德洛（Mies Van der Rohe）推行的"少即是多"（Less is more）的风格（图 9-110，图 9-111）。作为一种生活方式，极简主义作为一种设计风格在 20 世纪 70 年代末期才变得时髦。

南斯拉夫籍设计师佐兰·拉迪科比奇（Zoran Ladicorbic）在 1976 年发布了他的"轻松五件套"系列——一条黑色裤子、一条黑色裙子和三件象牙色的上衣。这个系列具有革命性的意义，它们没有使用纽扣或者拉链，佐兰·拉迪科比奇（Zoran Ladicorbic）的设计很理性地表达了"少即是多"的理念。他认为这套设计很美国——"简单的廓型，

自信和整齐就是美国式的。"到了 1993 年，佐兰·拉迪科比奇（Zoran Ladicorbic）对卡尔文·克莱恩（Calvin Klein）和唐纳·卡兰（Donna Karan）两个品牌都有深远的影响。这两个品牌在 20 世纪 90 年代的以运动风为灵感的极简主义设计中很突出。

在美国设计师的带动下，极简主义成为 20 世纪 90 年代的流行时尚（图 9-112）。与欧洲相比，美国的时装设计长期处于劣势，但自 1980 年以来，极简主义使美国时装改变了永远遵循欧洲脚步的现状。海尔姆特·朗（Helmut Lang）、简·桑德（Jil Sander）和马丁·马吉拉（Martin Margiela）为爱马仕（Hermès）做的设计都是这种风格的典范。

20 世纪 90 年代，极简主义"盛行"了。1996 年，汤姆·福特（Tom Ford）为古驰（Gucci）做的首个系列就尝试了极简主义。1998 年，马克·雅可布（Marc Jacobs）为路易·威登（Louis Vuitton）也做了此类设计。

图 9-110　极简主义时装

图 9-111　1980 年的时尚风貌

图 9-112　Kasimir Malevichd 的极简主义画作

简·桑德（Jil Sander）

简·桑德（Jil Sander）是 20 世纪 80 年代世界流行潮流极简风格的主导力量，也是一位很朴实的女性时装设计师。在商业泛滥与功利色彩极浓的社会里，很少有设计师能够像简·桑德（Jil Sander）那样将服装视为一种艺术细细地研究（图 9-113）。

简·桑德（Jil Sander）1943 年出生于德国汉堡，在汉堡取得纺织品工程学学位，曾经短期移居到美国洛杉矶，之后投入时尚杂志工作，并提出"少即是多"的时装设计理念。

1968 年她开始自由设计，1973 年发布了她的第一场时装作品秀，延展的肩部、扩宽的裤腿、提高的腰线……整个系列舍弃了装饰，取而代之的是克制的色彩，优异的质感，精准的裁剪，还有和谐的形态。"包豪斯运动（Bauhaus Movement）是我的灵感来源，它将理性的功能应用到日常生活的设计中。"简·桑德（Jil Sander）这么解释自己的作品。

怎样让建立在极简美学之上的设计变得有趣，仅仅依靠产出洁净清晰的经典是远远不够的，简·桑德（Jil Sander）每个系列都大量使用奢华的天然纤维材质，制作了棉制府绸衬衣、羊绒高领针织衫、毛呢混纺外套等。通过它们，她探索出鲜明利落的线条，调整出全新比例的剪裁。简·桑德（Jil Sander）曾被《女装日报》授予"Queen of Clean"的称号。美国设计师劳伦斯·斯蒂尔（Lawrence Steele）曾经这样评价简·桑德（Jil Sander）："一件简·桑德（Jil Sander）的服装可以让你穿上十年，然后再将它留给你的女儿。"她摒弃一切多余细节，如用褶皱布料包裹身体，在适当的地方别一个卡子，采用斜向裁剪来突出身体线条。最终，简·桑德（Jil Sander）品牌被普拉达（Parada）集团高价收购后，简·桑德（Jil Sander）退出了公司。

图 9-113　Jil Sander 和她设计的服装

图 9-114　20 世纪 70 年代末的 Disco 风尚

迪斯科时装（Disco Fashion）

迪斯科（Disco）舞蹈来源于美国黑人民间舞蹈和爵士舞，在 20 世纪 70 年代成为对任何时兴的舞蹈音乐的统称。1977 年，电影明星约翰·区伏塔（John Travolta）在好莱坞电影《周末夜狂热》（Saturday Night Fever）中为人们展现了迪斯科时装的标准造型：白色西服套装，黑色尼龙衬衫，闪闪发光的喇叭裤，厚底皮鞋。与此同时，女孩子们也开始穿上炫闪舞衣——超短连衣裙、热裤、闪亮的小上装和高跟鞋，在镭射光的星星点点之下，追随男士们的舞步。

20 世纪 70 年代末，西方众多知名明星喜爱穿一身银光闪闪的紧身收腰喇叭裤，在闪光球和旧式霓虹灯的映衬下，热情洋溢地表演迪斯科舞蹈，瞬间掀起了世界性迪斯科（Disco）风潮。当迪斯科（Disco）成为年轻人的娱乐方式，迪斯科时装（Disco Fashion）也成为流行，它常由数件服装组成，具有重叠层次感的服饰风格或穿着方式——性感的深 V 领口或露肩晚装长裙、雪纺单肩蝙蝠袖连身裙、玩味性浓厚的连身裤以及的确良衬衣、热裤、旧式抽纱上衣、牛仔裤等，结合闪耀的金属色、珠片等元素（图 9-114）。

此时，美国黑人的放克音乐（Funk Music）也十分流行。这类音乐的演奏者多来自美国大都会中的贫民窟，出于炫耀心理，他们希望能够穿着引人注目、与众不同的服装，如蛇皮服装，布满装饰的炫耀衬衣，紧身丝绸裤，黑色领巾，黑色的皮大衣和平底鞋等。

嘻哈时装（Hip-Hop Fashion）

嘻哈（Hip-Hop）是 20 世纪 60 年代源自美国街头的一种黑人文化。它衍生出了嘻哈时装（Hip-Hop Fashion），即鼻环、数个耳环、宽松但昂贵的衣服、名牌头巾、棒球帽、宽大 T 恤衫、板裤、典藏版的球鞋，还有一堆亮闪闪的金属饰物、墨镜、MD 随身听、滑板车、双肩背包、发辫、爆炸头或束发（图 9-115）。嘻哈（Hip-Hop）起源于古非洲，在 20 世纪 80 年代初随着音乐合成器的出现而走红，配合着舞步表达桀骜的悲伤与愤怒。当时的黑人社群生路匮乏，街头贩毒乃是主要营生，那种宽大厚重的服饰乃是年轻毒贩彻夜在街头流荡之必需，而宽松的长裤、口袋则用来藏枪，球鞋则用以必要时的追赶与奔逃。这种装束在本质上相当接近不驯青少年的帮派装。

图 9-115　Hip-Hop Fashion

图 9-116　Break Dancing Fashion

霹雳舞时装（Break Dancing Fashion）

20 世纪 80 年代初期，阿迪达斯（Adidas）公司将篮球鞋和健身服大规模推向美国市场后，获得了巨大的经济收益。一种新型的舞蹈"霹雳舞"（Break Dancing）出现，它是由美国黑人青年创导的一种舞蹈，舞蹈者常掺入一系列杂技式表演的动作（图 9-116）。1984 年，美国电影《霹雳舞》公映后，蝙蝠衫、印有夸张标志的宽大 T 恤衫、板裤、牛仔裤、侧开拉练的运动裤、滑板鞋、棒球帽或者民族图案包头巾等服饰装扮成为一时风气。

Yves Saint-Laurent 波普艺术时装

1992 年 Thierry Mugler 紧身胸衣以及皮革短裤

Thierry Mugler "Harley Davidson"

波普艺术卫衣

Rodnik-Band

图 9-117　Pop Fashion

波普时装（Pop Fashion）

　　20 世纪 50 年代，西方艺术界仍沉浸在严肃、规范的现代主义形式中，艺术剩下的仅是最概括的抽象，形式主义达到了极致。抽象主义提倡的极度严肃的展示艺术哲学和程式化表现方式引起了人们的不满。20 世纪 60 年代中期，一种首创于美国艺术家阿罗唯的名为"Pop Art"（波普艺术，又称新达达主义）的时装炙手可热。波普艺术是为广大消费者而设计的、短暂的、大量生产的、低廉的、可消费的艺术形式。它是对抽象艺术的反对，是对现实生活的追求，面对机械文明和消费文明，把所见、所知的生活环境，以大家熟悉的形式表现出来。受"波普"文化的影响，时装的造型与款式开始出现"趣味化、年轻化"的品味和流行风格（图 9-117）。

图 9-118　Bridget Riley 的作品

欧普时装（Op Fashion）

与波普相似的是带有视觉迷幻效果的欧普艺术（Op Art）。"Op" 是 "Optical" 的缩写形式，意思是 "光学的，视觉的"。1955 年，欧普艺术运动在法国巴黎丹尼斯·勒内画廊（Galerie Denise René）举办的一场名为 "Le movement" 的群展中酝酿而生。1964 年，《时代》杂志提出了 "欧普艺术" 这一术语。它是指利用视觉和心理错视原理，通过几何图形的重复拼贴、光影色彩的灵活调节，精心计算的视觉艺术。它使用明亮的色彩，造成刺眼的颤动效果，使观者达到视觉上的亢奋。欧普艺术在高级时装设计领域也有非常多的应用。时装设计师们会利用按照一定规律排列而成的图案、线条，故意创造 "光学图案"，创造出兼具高级感与未来感的 "非常规新装"。英国女艺术家布里奇特·赖利（Bridget Riley）是欧普艺术的杰出代表，光效应绘画的重要奠基人，被誉为 "欧普艺术" 的创始人（图 9-118）。

马克·雅可布（Marc Jacobs）2013 年春夏作品中，设计师马克·雅可布（Marc Jacobs）将最基本的黑色和白色玩转于横条纹、竖条纹、千鸟纹以及豹纹之间，营造出了独特的欧普视觉效果。华伦天奴（Valentino）2015 年秋冬秀场上，黑白几何图案出神入化地出现在中世纪童话风格的廓型之上——长衫、斗篷裙、超大廓型连体裤让我们把欧普艺术时髦地穿在身上。

安特卫普六君子（The Antwerp Six）

20 世纪 90 年代初，世界时装舞台上来自日本的"新浪潮"已成强弩之末。时尚的接力棒转到比利时反结构学派安特卫普六君子（The Antwerp Six，图 9-119）手中。"安特卫普六君子"是指 20 世纪 80 年代初在欧洲时尚界崛起的六位比利时设计师——安·迪穆拉米斯特（Ann Demeulemeester）、华特·范·贝伦东克（Walter Van-Beirendonck）、德克·范塞恩（Dirk Van-Saene）、德赖斯·范诺顿（Dries Van-Noten）、德克·毕盖帕克（Dirk Bikkembergs）、玛丽娜·易（Marina Yee）的总称。

图 9-119　The Antwerp Six 和他们的作品

安·迪穆拉米斯特（Ann Demeulemeester）

安·迪穆拉米斯特（Ann Demeulemeester）的设计多为黑白色，以不规则剪裁和材质运用而著称。她的设计浪漫而冷静，轻松而严谨。其在 1997 年设计的"左倾右侧"拉链时装便深获好评。其设计注重服装的整体搭配。多年来，对每件作品，她都会画出一些细节，上至头发中的羽毛，下到鞋子的款式。安·迪穆拉米斯特（Ann Demeulemeester）的低调设计作品常被称为永恒的艺术品，视觉上的简约和渗透其中的复杂建筑结构，以及暗黑哥特风女性气质是设计特色所在。

德赖斯·范诺顿（Dries Van-Noten）

德赖斯·范诺顿（Dries Van-Noten）的设计风格是怀旧、民俗、色彩与层次感。细碎的印花和细节是他设计的着眼点，花卉图案的民族风格更是他特别钟情的手法。在单纯与繁复的强烈对比之中，他更擅于运用各种技巧来结合不同的材质、布料和图案，混合之后的效果正是德赖斯·范诺顿（Dries Van-Noten）极具自然风格的设计。其高明之处正是无论在运动装和正装中，都能极自然地融入随意而舒适的异域风情。

德克·毕盖帕克（Dirk Bikkembergs）

德克·毕盖帕克（Dirk Bikkembergs）偏爱军装与运动风格，喜欢运用简洁的外形，擅于混搭各种皮革和极具男性气息的配饰。他的作品也一向给人多元化的感觉，糅合建筑、运动、高科技及不同范畴的美学于一身。别人爱把他的设计称为"高级时装般的运动光学、几何与速度、经典与未来的结合"。总之，德克·毕盖帕克（Dirk Bikkembergs）能够调动一切元素来表现运动风范，对黄、绿及其他自然色彩的运用游刃有余，对轻盈的层叠立裁设计有自己的特色，除此之外，其作品永远保持浓烈的男性荷尔蒙味道（图9-120）。

德克·范塞恩（Dirk Van-Saene）

德克·范塞恩（Dirk Van-Saene）是田园风格的代表人物，作品偏属女性化路线。他在大学毕业之后即开设了自己的时装专卖店"美人与英雄"，1990年又在巴黎推出了自己的首场个人发布会。有趣的是，发布会上的工作人员身穿写着设计师名字的衣服四处穿行，可是几乎每件衣服都出现了版本不一的拼写错误。德克·范塞恩（Dirk Van-Saene）的设计中洋溢着柔和、自然的色彩，他擅长将富于田园气息的花朵、格子融入柔软的棉、呢等面料中，塑造甜美的邻家女孩形象。

图9-120 Dirk Bikkembergs 和他的作品

图9-121 Marina Yee 和她的作品

玛丽娜·易（Marina Yee）

玛丽娜·易（Marina Yee）在设计上，十分注重服装的细节，例如把粗糙的材质与光滑细腻的绸锻混合就是她的拿手好戏。她偏爱纤细、修长的轮廓，游牧民族的生活方式为她的工作带来了数不尽的设计灵感。这些手法帮助玛丽娜·易（Marina Yee）塑造出一个个外形摩登、内心坚强的现代女性形象（图9-121）。

2018年，60岁的玛丽娜·易（Marina Yee）与东京著名古着店Laila一起合作，对她自己收藏的古董大衣进行了重新的定义与设计。从不多的图片资料中还是可以看出，玛丽娜·易（Marina Yee）的设计是解构的，但她的解构充满了女性气质，是一种更加阴柔的解构方式。

华特·范·贝伦东克（Walter Van–Beirendonck）

华特·范·贝伦东克（Walter Van–Beirendonck）是"安特卫普六君子"中最狂野的一位，被称为"时尚老顽童"。华特·范·贝伦东克（Walter Van–Beirendonck）的设计具有强大的爆发力，完全不顺应传统的审美常规，并总能源源不断地带来夺人眼球的作品。华特·范·贝伦东克（Walter Van–Beirendonck）的作品充满了色彩与能量，他是第一个在时装上运用网络与 CD 唱盘的设计师。华特·范·贝伦东克（Walter Van–Beirendonck）把艺术与时装相结合，在昆虫、运动、色彩、牛仔、童话中找寻灵感，不规则的线条和安装在袖子与领口的各种立体配饰，为怪异夸张的服装增添了不同寻常的趣味细节（图 9–122）。1993 年，华特·范·贝伦东克（Walter Van–Beirendonck）创建了自己的工作室"W.&L.T."，口号是"拥吻未来！"，设计的风格保持"积极、敏锐、有趣、勇敢"，追求"爱、激情、节奏、行动、希望、愿景、光明和奇遇"，信念则是"神圣的对比、爱与侵略、性与浪漫、白天与黑夜、天使与魔鬼"。

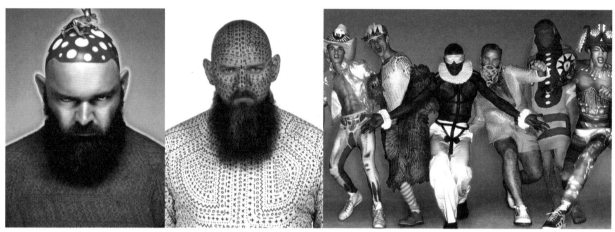

图 9–122 Walter Van–Beirendonck 和他的作品

马丁·马吉拉（Martin Margiela）

1959 年，马丁·马吉拉（Martin Margiela）出生于比利时，1980 年毕业于安特卫普皇家艺术学院（Royal Academy of Fine Arts）。他于 1985—1987 年间担任让·保罗·高缇耶（Jean Paul Gaultier）的助手，1988 年以自己名字创立品牌梅森·马吉拉（Maison Margiela）。马丁·马吉拉（Martin Margiela）一向以解构及重组衣服的技术而闻名。除了极具环保的设计概念，更令人感到讶异的是其作品背后隐藏着设计师无穷无尽的想象力。此外，马丁·马吉拉（Martin Margiela）亦有着与众不同的处事作风。他从不曾于时装展中出现，且一直用旧衣架、旧人像模型来陈列新设计，就连缝在衣服上的卷标都只用白色布片，或用圈上 0～23 其中一个数字的布片来示意衣服所属的设计系列。1997 年他开发了同一概念的两个系列。"假人模特"（Mannekin）是衣工最常用的工具之一，它们拥有最经典的身材比例，用以立体地支撑起服装。马丁·马吉拉（Martin Margiela）在这个系列中，将包裹在假人模特身上褐色、粗砺的面料剥离下来，剪裁成马甲，披挂在真人模特的身上，成为这个系列的主体。面料上所留存的"stockman"和"semi couture"字样很重要，提醒观众面料的原初功能。马丁·马吉拉（Martin Margiela）每一季的设计概念都非常清晰，所有系列整整齐齐地排开，好似一篇篇的"命题作文"：1990 年春夏是"金属、纸张和塑料袋"；1991 年春夏是"牛仔裤变形记"；1992 年春夏是"丝巾的华丽转身"；1997 年是"时装背后的一地鸡毛"；1998 年是"平面服装"（图 9-123）。他的创造更像是"为艺术而艺术"。

图 9-123　Martin Margiela 和他的作品

约翰·加利亚诺（John Galliano）

约翰·加利亚诺（John Galliano，图 9-124）于 1960 年出生于直布罗陀，1984 年毕业于中央圣马丁艺术与设计学院，1988 年被评选为年度英国最佳设计师。1995 年约翰·加利亚诺（John Galliano）担任纪梵希（Givenchy）的设计总监，1997 年接掌克里斯汀·迪奥（Christian Dior）设计总监一职，并成功地实现了将迪奥（Dior）品牌年轻化的任务。

约翰·加利亚诺（John Galliano）为迪奥（Dior）设计了 2000 年发布的"美女乞丐"，其灵感来源于巴黎大街的那些无家可归、四处流浪的乞丐一族，将街头破衣烂衫的乞丐与高贵华丽的贵妇并列在一起。在发布会上，模特们身穿被撕成一片一片的名贵衣料、面目全非的衬衫、破烂的牛仔裤、扯掉一只袖子的 T 恤衫、印有旧报纸图案的裙子、大麻绳交叉缝结外套，比例颠倒的裁剪方式、衬衫袖长长过裤子、外套变裙子、帽子当文胸、裙子变 T 恤衫、长裤变胸衣的魔术般的搭配举不胜举。

2011 年他因酒后失态被迪奥（Dior）开除，于 2014 年加入梅森·马吉拉（Maison Margiela），担任品牌创意总监。他对解构主义的杰出应用，行云流水般的剪裁，以及他对超现实主义版画和实验性金属等独特材料的使用在为马吉拉（Margiela）获得巨大人气的同时，也帮助品牌实现了更大的商业成功，使得梅森·马吉拉（Maison Margiela）销量翻了一番。为了表示对品牌低调传统的尊重，加利亚诺（Galliano）从来不在任何一场马吉拉（Margiela）的走秀后鞠躬致谢。

图 9-124　John Galliano 和他的作品

亚历山大·麦克奎恩（Alexander McQueen）

亚历山大·麦克奎恩（Alexander McQueen，图9-125）反叛的个性使他不屑于中产阶级的矫情与造作。在他的时装作品中时常隐现着极具侵略性的设计，以及一种堕落气质。亚历山大·麦克奎恩（Alexander McQueen）善于在他的作品中表现宗教、死亡、性爱等哲学命题。他跳出了传统高级时装的条条框框，将更多的街头时尚甚至是朋克（Punk）的意识和造型，引入了高级时装设计中。如从脖子一直开到腹部的真空大V领，大胆裸露的飘荡在胸前的衣片、中世纪武士的发型与用骷髅装饰的金属头盔、展开在袖山上的中国的檀香镂空折扇。2002年春夏，亚历山大·麦克奎恩（Alexander McQueen）取名为"斗牛士圆舞曲"（the Dance of the Twisted Dull）的高级时装，一反他以往的特例独行的个性，四平八稳的设计中沿用了不少高级时装的设计手法。反反复复的褶皱，结构间的大范围的转折与穿插，使得裙摆来回晃动，让人心醉。

2010年2月11日，英国天才设计师亚历山大·麦克奎恩（Alexander McQueen）自缢于伦敦寓所中。

图9-125　Alexander McQueen 和他的作品

汤姆·福特（Tom Ford）

1961 年 8 月 27 日，汤姆·福特（Tom Ford，图 9–126）出生于美国德克萨斯州奥斯汀，之后在美国圣塔菲长大。1983 年，他开始在蔻依（Chloe）实习，并担任了媒体宣传弗朗西德·迪乌莱普特（Francede Dieuleveut）的助理。1986 年，他毕业于帕尔森设计学校时装及室内设计专业，先后供职于“凯西·哈德维克”和“佩瑞·埃利斯”两家公司。1990 年，他担任了古驰（Gucci）的创意总监。1996 年，汤姆·福特（Tom Ford）获得美国音乐电视台（VH1）最佳女装设计师大奖和最佳男装设计师大奖。1999 年，他获得最佳女装设计师大奖。在此期间，汤姆·福特（Tom Ford）通过自己的设计和个人魅力挽救了濒临倒闭的公司，引领古驰（Gucci）获得了巨大的

商业成绩，并牢牢地占领了国际时尚领域的话语权。2000 年，汤姆·福特（Tom Ford）又担任法国高级时装品牌伊夫·圣·罗兰（Yves Saint–Laurent）的创作总监一职。

2004 年，由于公司管理权归属的问题，汤姆·福特（Tom Ford）辞去了古驰（Gucci）和伊夫·圣·罗兰（Yves Saint–Laurent）两个时尚品牌创意总监的职位，从欧洲返回美国。2005 年 4 月，他创立了定位高端奢侈品的汤姆·福特（Tom Ford）品牌。汤姆·福特（Tom Ford）的设计经典耐用，又总会糅合一丝现代的设计感。2009 年，汤姆·福特（Tom Ford）执导了个人首部电影《单身男子》。2012 年，他宣布进军竞争激烈的美妆行业，创立了个人同名的彩妆品牌并大获成功。

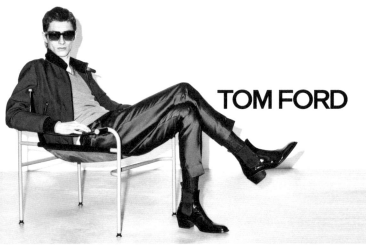

图 9–126　Tom Ford 和他的作品

里卡多·堤西（Riccardo Tisci）

里卡多·堤西（Riccardo Tisci，图 9-127）于 1974 年出生于意大利塔兰托市，毕业于伦敦中央圣马丁艺术与设计学院。2004 年里卡多·堤西（Riccardo Tisci）发布了第一个以自己名字命名的成衣系列。2005 年，30 岁的里卡多·堤西（Riccardo Tisci）就任法国高级时装品牌纪梵希（Givenchy）的创意总监，至 2008 年时，全面掌管品牌女装定制、成衣、男装及配饰系列的全部设计。

里卡多·堤西（Riccardo Tisci）为纪梵希（Givenchy）品牌带来了许多极具影响力的设计，成功将纪梵希（Givenchy）由众人印象中的赫本优雅小黑裙转变为"黑暗之王"，拓展了纪梵希（Givenchy）在业内以经典、优雅剪裁著称的品牌内涵，开创了前身装饰的时尚潮流，将多元的街头文化与哥特、恋物、宗教、未来主义等主题融合，推出了如 2007 年秋冬各式铆钉、2011 年秋冬罗威纳犬、2013 年秋冬杜宾犬、2013 年春夏圣母头像、2011 年春夏季 Obsedia（Obsedia 综合了英文 Obsession 和希腊女神 Dia 的名字），以及品牌标志性的五角星图案、2011 年秋冬鸢尾花图案、2012 年春天堂鸟图案、2014 年春夏机械零件印花系列等风靡一时的时尚爆款，让纪梵希（Givenchy）无疑成为最有潮流感的奢侈品牌之一。

2018 年，里卡多·堤西（Riccardo Tisci）被任命为英国知名奢侈品品牌博柏利（Burberry）的创意总监。原任克里斯托弗·贝利（Christopher Bailey）在执掌博柏利（Burberry）17 年后宣布了辞职。里卡多·堤西（Riccardo Tisci）在博柏利（Burberry）做出最具有革命性意义的设计便是覆盖产品全线的字母组合图案（Monogram）。这个字母组合图案（Monogram）的设计灵感来源于品牌创始人托马斯·博柏利（Thomas Burberry）名字缩写"TB"，成为新一代的"网红爆款"。

图 9-127　Riccardo Tisci 和他的作品

后 记

　　本人以为，在研究服装史、撰写服装史的专著、教材时，有两种情况是比较难做好的：一种情况是对服装史进行深入刨析、系统阐述，将每一个细节都研究到且阐述透彻；另一种情况是把服装史的书写薄了，写简单了，即建立大框架、大关系，把基本概念讲清楚了，将不同服饰等级、不同服饰制度之间的关系讲清楚。总之，越简单清晰越好。当然，能做到简单也很不容易，不仅需要做到将服装史的内容了然于胸，还要具备能够将错综复杂的内容化繁为简的视野。

　　记得当年在中国服装史泰斗清华大学美术学院黄能馥先生家里，听黄先生讲课，他说："我们在写服装史著作和教材的时候，要想办法深入浅出，把最深奥的道理，用最简单的话讲出来，让读者清晰准确地了解中国服装史的内容。"虽然已经过去十几年，但黄先生当年的教诲让我铭记于心。此外，我在清华大学实际教学过程中也发现了这个问题。有的时候概念太多、内容过于深奥，对于初学者来讲是有一定困难的，不能快速、清晰地建立"服装史"的知识体系和内容框架。

　　《中国服装史（简明版）》《西方服装史（简明版）》《中外服装史（简明版）》三本书，就是力求用最简单的语言将服装史的内容阐述清晰，使读者在最短的时间内了解服装史的概貌。采取简单、明了、准确的方式让读者快速地学习，并且建立起这些基本的知识体系，然后在此基础上，进行更深一步的研究，我觉得这是学习服装史的一个比较好的方法。在这种理念的指导下，我撰写完成了这套服装史简明版系列，希望能对读者有所帮助。

2021年5月18日写于清华大学